节能减排技术丛书

气压传动系统排气回收节能技术

石运序　吴莉莉　张建旭　著

机械工业出版社

本书全面阐述了气罐式和微型涡轮发电装置排气回收节能技术。主要内容包括，概述目前气动执行元件排气节能的研究现状及需要解决的问题；建立排气回收控制系统数学模型的方法，并对排气回收系统的数学模型进行了动态特性模拟，分析相关参数对气动系统的影响，为研究排气回收效率的评价方法提供理论依据；构建排气回收实验测试系统，并通过实验研究排气回收控制系统的基本特性，以获得附加排气回收装置对气缸动态特性的影响规律；根据排气回收系统的数学模型以及气体热力学基本定律对气缸排气回收控制过程进行深入分析，总结并设计出回收能量较多且对气缸运动特性影响较小的两种排气回收装置，并对其有效性进行了验证；通过对排气回收系统热力学特性以及系统能量传递和转换过程的分析，给出排气回收系统回收效率的评价方法，并进行相关的实测计算。

　　本书可供气压传动系统研发、设计的工程技术人员使用，也可供高等院校流体传动与控制专业的师生阅读。

图书在版编目（CIP）数据

气压传动系统排气回收节能技术/石运序，吴莉莉，张建旭著 . —北京：机械工业出版社，2019. 7

　　（节能减排技术丛书）

　　ISBN 978-7-111-62961-0

　　Ⅰ.①气…　Ⅱ.①石…　②吴…　③张…　Ⅲ.①气压传动装置 – 节能 – 研究　Ⅳ.①TH138. 1

中国版本图书馆 CIP 数据核字（2019）第 114822 号

机械工业出版社（北京市百万庄大街 22 号　邮政编码 100037）

策划编辑：张秀恩　责任编辑：张秀恩

责任校对：杜雨霏　封面设计：陈　沛

责任印制：李　昂

唐山三艺印务有限公司印刷

2019 年 8 月第 1 版第 1 次印刷

169mm × 239mm · 8 印张 · 163 千字

0 001—1 900 册

标准书号：ISBN 978-7-111-62961-0

定价：58. 00 元

电话服务　　　　　　网络服务

客服电话：010-88361066　机 工 官 网：www. cmpbook. com

　　　　　 010-88379833　机 工 官 博：weibo. com/cmp1952

　　　　　 010-68326294　金 书 网：www. golden-book. com

封底无防伪标均为盗版　机工教育服务网：www. cmpedu. com

前　　言

气缸作为气动系统中最重要的执行元件在工厂、企业中得到了广泛的应用。但气缸完成一个工作行程后，原工作腔内的气体要排向大气，放掉的这部分有压空气仍然具备做功的能力，若能加以回收利用，对整个工业系统来说，具有重大的节能意义。但若直接用一气罐与气缸排气腔相连进行排气回收，经过几个工作循环后，气罐内压力逐渐升高，可能会对执行元件的运动特性产生不利影响；而若在气缸等执行元件排气侧直接接一微型涡轮发电装置进行能量回收再利用，亦可能会对执行元件的原有动态特性产生影响。针对这些问题，本书给出了两种技术方案，既能对执行元件排气侧压缩空气的压力能尽可能多地回收利用，又对原有系统的动态特性影响较小。为此，本书对气压传动系统排气回收节能所涉及的关键技术问题的深度理论分析和实验研究成果进行了全面阐述，提出了两种创新性的气缸排气能量回收技术途径。

一是通过附加排气回收控制装置将气缸排气腔的有压空气回收到气罐中，并作为中压气源再利用，以实现节能。首先，研究了一种高效的、适合于工业应用的回收系统组成形式；然后建立了相应的系统数学模型；并通过仿真和实验，分析了系统实现所要解决的关键性控制技术问题。为了获得关键性的控制技术指标以控制排气回收过程的起、停切换，给出了气缸排气回收切换控制判据及控制策略。首先，在对排气回收控制过程进行理论分析的基础上，推导出了排气回收切换控制压差的理论表达式。分析表明，排气回收切换控制压差与气源压力等参数有关，气源压力为 0.2 ~ 0.5MPa 排气回收时，其变化值约为 0.02 ~ 0.05MPa；另外，为了简化回收控制策略和控制装置，且使控制压差更加可靠、适用，在实际应用中，建议切换控制压差取一固定值 0.05MPa，并将该值作为排气回收切换控制判据，这为排气回收控制装置的设计及工程实际应用打下了基础。此外，为了实现排气回收切换控制过程，且使排气回收控制装置能够在实际中便于推广应用，根据气缸排气回收控制判据及控制策略的分析，分别设计了定差减压阀控制和差压开关控制两种排气回收控制装置。实验结果表明，差压开关控制装置相对较好。最后，为了分析排气回收控制系统的回收效果，提出了系统排气回收效率的评价方法。分析表明，系统排气回收效率与气罐内的初始回收压力等参数有关；然后应用该评价方法对排气回收系统的回收效率进行了实测计算。实测计算结果表明，排气回收系统可实现较高的回收效率，如气源压力为 0.5MPa，回收气罐内的初始压力在 0 ~ 0.3MPa 排气回收时，系统排气回收效率可达 80% 以上。

二是设计了微型排气回收高效节能涡轮发电系统，将执行元件排气腔的压力能转换为电能进行储存、利用。首先，分析了常规气压传动系统的充排气特性，建立了气动系统数学模型以及 AMESim 仿真模型；通过理论分析以及大量的实验验证，利用 SolidWorks 设计了微型涡轮排气回收装置的三维结构以及该装置与原气动系统的连接通用接口；为了分析涡轮发电装置的发电特性以及对其进行改进优化设计，利用 ANSYS/FLUENT 对微型涡轮及蜗壳进行了流场分析和强度校核，分析了不同涡轮结构、叶片数量以及入口导流形式等对涡轮输出转矩的影响规律，定量给出了涡轮叶片数量与输出转矩之间的对应关系；对附加微型涡轮发电装置的气动系统进行实验，验证了所建立的数学模型及仿真模型的有效性，揭示了在不同工作压力下气缸运动特性及微型涡轮发电装置的起动特性和发电特性，为微型排气回收高效节能涡轮发电装置作为节能附件应用到气动系统中打下了基础。

综上，上述两种气缸排气能量回收装置不仅节能效果显著，且具有良好的应用前景。

由于时间仓促，作者水平有限，书中错误在所难免，敬请批评指导。

石运序

符 号 表

p_s	气源压力	MPa
p_1	气缸进气腔压力	MPa
p_2	气缸排气腔压力	MPa
d	气缸活塞杆直径	m
D	气缸活塞直径	m
H	焓	J
I	内能	J
T	温度	K
S	气缸行程	m
v	气缸活塞速度	m/s
A	活塞面积	m^2
A_e	管道系统总有效面积	m^2
V	容积，体积	m^3
F	力负载	N
m	质量	kg
p_{c0}	气罐内的初始压力	MPa
q_V	体积流量	m^2/s
q_m	质量流量	kg/s
Δp	气缸排气腔与气罐间的压差	MPa
Δp_{cr}	排气回收临界切换控制压差	MPa
Δp_{sw}	排气回收实际切换控制压差	MPa
R	气体常数	N·m/(kg·K)
κ	等熵指数	
c_V	比定容热容	J/(kg·K)
c_p	比定压热容	J/(kg·℃)
W	附加回收装置后驱动腔所做驱动功	J
W_0	无回收装置时驱动腔所做驱动功	J
ε	附加回收装置前后驱动腔所做驱动功比值	
ψ	附加回收装置前后驱动腔所做驱动功增加率	%
η	排气回收效率，能量转化效率	%
γ	比热比	

目　　录

第1章 绪 论

1.1 气压传动系统节能的研究背景和意义

自20世纪70年代世界性能源危机以来,节能问题日益为世人所重视。在防止地球温室化的《京都议定书》中,也明确了今后"环保节能"的重要性。在我国,能源一直是国民经济发展的一个制约因素,节能研究更具有紧迫性和现实意义,现已成为工业中各行业的一个重要的基本课题。

在现代化国家中,由于使用压缩空气为工作介质的气动系统具有节能、无污染、高效、低成本、结构相对简单、安全可靠、可用于易燃易爆和有辐射危险场合等优点,因而被广泛应用于各行业,尤其是工业自动化领域,成为各个工业部门中提高生产效率的重要手段,在国民经济建设中起着越来越重要的作用。据统计,在工业发达国家中,随着生产自动化程度的不断提高,气动技术应用面迅速扩大,全部自动化设备中约有30%使用了气动系统,90%的包装机,70%的铸造和焊接设备,50%的自动操纵机,40%的锻压设备和洗衣店设备,30%的采煤机械,20%的纺织机、制鞋机、木材加工和食品机械使用气动系统;43%的工业机器人采用气压传动[1-22]。

然而,作为传递动力的空气介质虽然取之不尽,但将空气压缩成压缩空气,并处理成实际使用的洁净干燥的压缩空气,是需要消耗能量的,因为压缩空气不同于一次能源和二次能源,压缩空气是一种耗能工作介质,它是由一次能源或二次能源(如电或蒸汽等)经空气压缩机转换而来的载能工作介质。生产压缩空气是在工业生产中的重要耗能环节之一,在我国,空气压缩机的耗电量占全国发电量的10%左右。从节能角度来看,气动系统要比液压系统和电气系统的效率低很多。1988年,Mitsuoka从能量转换的角度对气压传动、液压传动以及电气传动这三种方式驱动系统的效率进行了研究[14],认为当时气动系统的效率约为20%,并估计将来能够达到的可能值为40%。由此可见,气动系统中产生压缩空气的动力费用是最大的费用,而且气动系统的效率较低,也就是说,能量损失较大。从这个结果可以看出,气动系统从节能的角度来说是较差的,但同时也说明了气动系统节能还有很大的改善空间。国内外很多学者相信,气动系统的节能还有很大的改善空间,在气动系统中应用节能技术,至少可节能10%,甚至有可能节能20%~35%[17]。

以上这些数据,已经充分显示了气动系统的节能对我国现代化经济建设的重要性,而且在气动系统中应用节能技术可以取得很大的经济效益和社会效益,对缓解我国能源供求的矛盾，将起重要的作用。

要想达到节能，首先要知道气动系统的能量是在何处损失的，气动系统能量损失如图1-1所示。考虑气动系统的能量损失，要从空气压缩机（后称空压机）开始直到气动执行元件做功为止，主要体现在以下三个方面[6,17]。

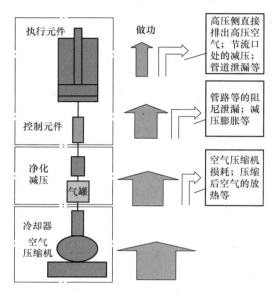

图 1-1　气动系统能量损失图示

1）空气压缩机输出空气冷却产生的能量损失。

2）管道阻尼和泄漏以及节流减压等造成的能量损失。

3）气缸等用气设备的耗气：作为气动系统中应用最广泛的执行元件——气缸来说，其完成一个工作行程后，气缸原工作腔内的压缩空气一般直接排向大气，对长期运转的生产设备来说，造成了很大的能量损失。

以现代化的机械类企业为例，其能源消耗比例中，压缩空气的使用占整体能源消耗的20%，其中气缸往复动作的排气占整体能耗的12%[18]。因此，气缸排气回收节能的研究，具有重大的节能意义和工程应用价值。

本书介绍了以下两种气缸排气能量回收的方法。

一是基于利用蓄能气罐回收气缸排气腔的部分能量再做功的节能思想出发，提出了一种新的气缸排气回收节能思路，即通过设置排气回收装置将气缸排气腔的压缩空气集中回收起来，当气罐压力达到期望压力值时，把回收气罐作为中压空气源再利用。该节能系统不仅可实现气缸排气腔压缩空气的回收，而且回收到气罐内的压缩空气可不经任何处理直接在气动系统中应用。

二是通过在执行元件排气侧设置微型涡轮发电装置（可作为气动附件进行连接），将排气腔能量进行回收储存，以供工厂弱电系统等场合使用。

由于本课题的研究可望达到气缸排气回收节能的目的，并具有较高的学术价值和广泛的应用前景，因而获得了日本 SMC 筑波技术中心以及山东省自然科学基金（ZR2014EEQ024）的资助[1,2]。

1.2　气压传动系统排气节能研究现状

目前，气缸排气节能的研究已经得到了足够的重视。对气压传动系统来说，减少耗气量就是节能，因此，气缸排气节能主要应从这几方面考虑：在气动系统中设计一些节能型的气动回路，以实现节能；开发节能气动元件和新的气压传动系统；正确安装、加强维护保养、消除泄漏等等。具体讲，主要有以下几种节能方式。

1）将气缸排气腔的能量转换成其他形式的能量（电能、真空压力能等）再利用。

2）设计节能回路减少耗气量。

3）利用气罐回收气缸排气腔的部分能量再利用等。

1.2.1　将排气能量转换成其他形式能量的节能研究状况

日本学者永井提出了一种节能研究思想，如图 1-2 所示，通过设置能量转换装置将气缸排气能量转换成真空再利用，可达到节能的目的[19]。但该装置要产生足够的真空度，气缸排气腔的压缩空气必须以足够高的速度流经真空喷嘴，否则气缸排气腔压缩空气相当于还是直接排向大气，造成了能量的浪费。

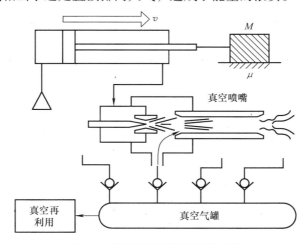

图 1-2　能量转换再利用节能系统

南京理工大学 SMC 气动技术中心提出了一种将排气能量转换成电能的节能思路，即将气缸排气腔排出的压缩空气的压力能转换成电能，以便供给气动系统中需要电能驱动的元器件（如电磁阀等）使用，从而达到节能的目的[21]，其节能原理如图 1-3 所示。但该节能方法中能量转换装置尺寸较大，不能作为附件直接使用。

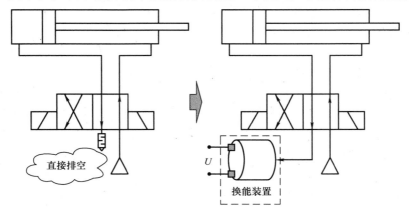

图 1-3   气缸排气能量转换节能回路

1.2.2   设计节能回路减少排气腔耗气量以实现节能的研究状况

1. 活塞到位后停止供气以节省耗气量

日本的河合素直教授在 1996 年提出了用进口节流方式，在活塞到位后切断充气过程，来降低充气侧的压力，减少空气消费量达到节能的目的[6,16,19]。其节能思路为：对于往复运动的进气节流气压传动系统，当气缸活塞到达行程末端后，气源仍会向气缸的充气侧充气，造成了不必要的能量损失，如图 1-4 所示行程末端切

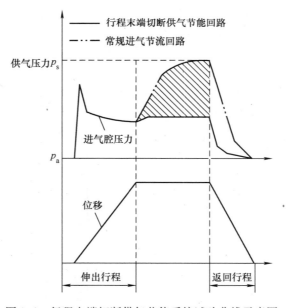

图 1-4   行程末端切断供气节能系统试验曲线示意图

断供气节能系统试验曲线示意图，如果在气缸活塞到达行程终端后，立即切断供气气源向气缸进气腔充气，这样气缸进气腔的压力就可维持在较低的压力下，从而节省压缩空气的消耗。日本明治大学的小山纪也对此种节能方法进行了理论和试验研究，日本 SMC 株式会社对此原理进行改进并开发出了节能阀[6]。但该节能方法仅适用于进气节流回路，应用范围较窄。

2. 在气动系统中使用不同的工作压力以减少耗气量

在一定温度条件下，一定体积的压缩空气所具有的能量与其绝对压力成正比。在允许的条件下能使用低的工作压力去完成同一工作（例如驱动同一气缸），则可减少能量消耗。因此，气动系统节能的重要途径之一就是对系统的不同部分根据不同情况使用不同的工作压力。例如气压传动系统用高压气源，气动控制系统用低压气源工作；而在气压传动系统中，在很多情况下是正行程有外加负载，回程无外加负载或只有很小的负载，这时就可如图 1-5 所示在换向阀输出端多装一个减压阀或

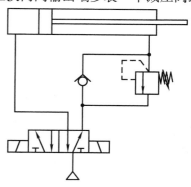

各种节能元件，使气缸活塞在正行程时用高压气源，回程用低压工作。这种系统在正行程用高压气源（> 0.5MPa），回程用（0.1 ~ 0.2）MPa 表压工作，节能可达 25% ~ 35%[20]。尽管采用降压供气驱动活塞返回可以达到节能的目的，但高压气源在降压过程中也要损失一部分能量。文献［22］中也介绍了一种差动回路即气缸的两个运动方向采用不同压力供气的回路，比一般的双作用气缸回路节省压缩空气消耗量，但是在气缸速度比较低的时候，容易发生爬行现象。

图 1-5 降压驱动节能回路

3. 分压供气方式

北京航空航天大学蔡茂林、石岩教授[7-12]等针对工厂中只使用一组空压机为全厂区提供压缩空气，且因各处所需压力不同，气源压力须为气动系统所需的最高压力，对于需要低压的场合，则用减压阀进行减压，这样会造成能量损失，据此提出了分压供气的概念。分压供气的方法主要是空气压缩机分组供气和采用局部增压技术。前者是将一个空气压缩机组分为多个组，每个空气压缩机组根据用气设备的需要提供不同压力的压缩空气；后者则是直接使用低压空气作为气源，在气动系统局部采用增压设备对低压气源进行增压，将低压气源的压力增至驱动设备所需压力，主要包括电动增压和气动增压。其中电动增压机结构简图如图 1-6 所示，通过

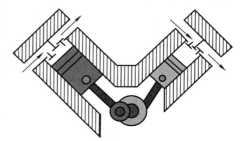

图 1-6 电动增压机结构简图

使用电能使压缩空气增压提供能量，但是由于其效率较低，且对工厂电网、气动回路冲击较大及对设备本身损坏严重，因此并未广泛投入使用。气动增压阀的结构简图如图1-7所示，通过改变压缩空气回路，利用活塞对空气进行压缩，实现增压的目的。通过分析对比这两种分压供气的方式，得出两种供气方式的优缺点，见表1-1。

表1-1   分压供气方式优缺点对比

方式	优点	缺点	总结
分组供气	压力可调范围大、供气量大	管道需要重复铺设，投入大 空气压缩机体积大，不利于维护及保养	适用于压缩空气需求量大的场合
局部增压	实施方便，投入小	压力可调范围小，供气量小，能量利用率低频繁起停对自身及电网损害严重，效率低	适用于压缩空气需求量小的场合

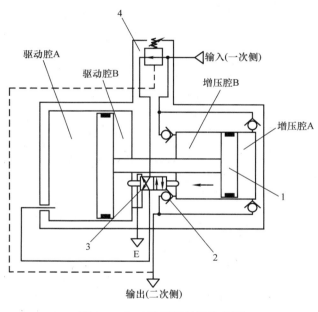

图1-7   气动增压阀的结构简图

1—活塞   2—单向阀   3—换向阀   4—减压阀

1.2.3   气罐式排气回收节能研究状况

1. 重复利用无杆腔中有压空气使活塞退回，变双程耗气为单程耗气

对于实际生产中广泛使用的气缸来说，许多是正行程有外加负载，回程无外加负载，只需克服自身的摩擦阻力。针对这种情况，日本SMC筑波技术中心小根山尚武和我国华南理工大学的李建藩教授分别提出了一种节能气压传动系统（简称ESPS），如图1-8a、b所示[17,19]。

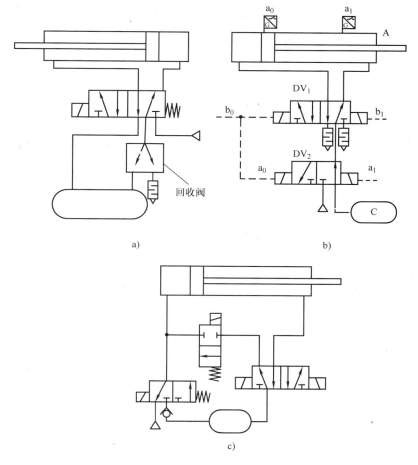

图 1-8　变双程耗气为单程耗气的节能回路

如图 1-8a 所示，气缸完成一个工作行程后，重复利用原工作腔内有压空气驱动活塞返回，以实现节能，并根据实际需求设计了回收阀。由图 1-8b 可见，该节能系统由双作用气缸 A，双控二位五通阀 DV_1、双控二位三通阀 DV_2 和蓄能气罐 C 组成，通过重复利用活塞杆伸出后气缸无杆腔内的压缩空气驱动活塞返回，从而变双程耗气的常规系统为单程耗气的节能系统，可以节省耗气量近 50%。

同样，如图 1-8c 所示，通过几种气动元件的有效组合将气缸排气腔的压缩空气回收起来[24,25]，让它再次做功，推动气缸活塞返回，这样也可以减少压缩空气的用量，节省了能源。

但上述三个节能回路中，存在以下问题。

1）每个气缸均需配备一个适当大小的蓄能气罐，增加了安装的困难。

2）要使气缸可靠完全地退回，气罐所蓄能量必须供给气缸驱动腔足够的能量，因此，所需气罐容积的选取较复杂，如气源压力降低，气罐容积也必须相应减小，否则气缸活塞便不能完全返回等。

2. 气缸垂直向上安装回路中的气罐节能方法

文献［19，25］中介绍了如图1-9所示的节能回路，气缸在往复运动中进行

排气时，将排气部分地回收，也能减少压缩空气消耗量。此回路中的减压阀2被调定为较低的压力，气缸无杆腔不排放压缩空气，由气罐3引出的气体，经减压阀减压引入气缸有杆腔。电磁阀1通电，气缸上升，压缩空气进入气缸的无杆腔，气缸有杆腔的低压气体经电磁阀向大气排出。电磁阀断电，气缸在负载重力的作用下缩回，

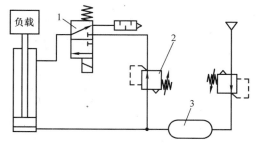

图1-9　气缸垂直向上安装节能回路

气缸无杆腔的压缩空气被压回气罐，由此将回路耗气量降至最小。

但该节能方法只适用于气缸垂直向上安装回路，应用范围较窄，而且活塞杆伸出时，气缸有杆腔的压缩空气直接排向了大气。

1.3　有待研究解决的问题

1.3.1　气罐式排气回收节能技术

由前述国内外气缸排气回收节能的研究状况可见，利用气罐回收节能的思想得到了国内外许多学者的重视，与其他节能方式相比，主要是因为回收到气罐中的压缩空气不用经过净化过滤等处理即可直接使用，节能效果显著。有学者利用蓄能气罐将活塞杆伸出后无杆腔中的部分能量回收起来，直接驱动活塞返回，从而变双程耗气为单程耗气的节能方式作了较深入的研究，可获得近50%的节能效果[17]。但是，该节能回路中气罐大小的选取等较复杂，较难在工程实际中得以推广应用。

而本书通过将气缸排气腔的压缩空气回收到一气罐中，并作为中压空气源再利用的节能方法与其他节能方式相比，该节能方法不仅安装方便，而且适用范围较广，但若直接将气缸排气腔与一回收气罐相连，使气缸排气腔内的有压空气回收到气罐内，再加以利用。如图1-10所示，经过几个工作循环后，随着气罐内回收压缩空气的增加，气罐压力会越来越高，可能会对气缸活塞的速度特性产生影响。又因标准气缸的使用速度范围大多是（50～500）mm/s[26]，当气缸活塞速度小于50mm/s时，由于气体摩擦阻力的影响增大，加上气体的可压缩性，气缸活塞可能会出现时走时停的"爬行"现象，且当气缸进气腔与排气腔压力所产生的输出力不足以克服系统外加负载时，气缸活塞还会停止。也就是说，当气缸活塞速度接近

或低于 50mm/s 时，排气腔内的余气不能再回收到气罐中，必须排向大气，即有必要控制好气缸排气腔与回收气罐的连接和气缸排气腔气体向大气的排放，而且需要根据气缸的不同使用条件，给出关键的控制指标并控制排气回收过程的起、停切换，同时排气回收控制装置还必须简单、经济、实用。

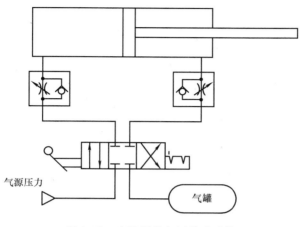

图 1-10   直接回收气压传动系统

综合以上国内外研究状况的分析以及节能研究的预期目标，主要针对以下几个问题进行研究。

1. 排气回收控制判据的研究

为了既能使气罐回收能量尽可能多，又对气缸活塞的运动特性影响小，有必要合理控制气缸排气腔与气罐间的连接和切换，并对排气回收系统的切换控制判据进行深入的研究。首先，需要建立排气回收控制系统的数学模型，为排气回收切换控制压差表达式的推导奠定理论基础；其次，通过理论分析和实验研究，获得附加排气回收装置后对气缸动态特性的影响规律；最后，在对排气回收切换控制过程理论分析和实验研究的基础上，推导出气缸排气回收切换控制压差的表达式，并给出排气回收实际切换控制判据和控制策略。

2. 排气回收控制装置的设计

为了能够在实际应用中使用该气缸排气回收节能方法，需要对排气回收控制装置进行设计，而且所设计的排气回收控制装置必须具备两个功能：一是能够实时检测气缸排气腔与气罐间的压差的变化，二是当排气腔与气罐间的压差达到切换控制判据时发出信号使控制装置切换。同时，所设计的排气回收控制装置还必须简单、经济、实用。

3. 系统排气回收效率的评价方法分析

为了研究排气回收控制系统的回收效果，需要对排气回收过程中气缸排气腔初始能量及气罐内回收压缩空气的能量进行定性分析，并给出排气回收效率的评价方法。因此，如何评价排气回收系统的回收效率或回收效果，也是本书节能方法的研究内容。

1.3.2 微型排气回收高效节能涡轮发电再利用技术

气动系统在工业生产中占工厂总耗电量的 10% ~ 20%，有些工厂甚至高达 35%。但气动系统能效偏低、浪费严重。气缸及气动马达是气动系统中应用最广泛的执行元件，消耗掉了气动系统中的大部分压缩空气，而这部分压缩空气在做功后仍具有一定的能量，如何实现对这部分能量的转换和回收具有重要的意义。

根据气动系统的特点，主要进行了以下几个方面的研究。

1. 涡轮发电装置的微型化设计，附加微型涡轮发电装置后对原气动系统特性的影响分析

采用双费马曲线设计一盘状超能微型涡轮机进行气动系统排气回收发电，进而揭示微型涡轮发电系统的性能，探寻附加微型涡轮发电系统后对原系统动态特性的影响规律；微型涡轮和蜗壳是微型涡轮发电系统的核心部件，其结构直接影响能量转换回收的效率，结合理论分析和数值模拟，对涡轮和蜗壳进行了微型化设计，以便作为气动附件进行使用。

2. 从能量转换的角度出发，探究微型排气回收高效节能发电系统能量转换效率的评价方法

探究附加该微型涡轮发电系统后气动系统的能量消耗评价体系及能量损失分析等。该研究旨在有效促进气动系统排气节能技术的广泛应用，并为该研究技术的产业化奠定基础。

第2章　排气回收控制系统的数学建模及仿真

为了研究排气回收系统的动态特性，虽然可以通过大量实验观察附加排气回收装置后对气缸活塞运动特性的影响规律，但是有限次数的试验不足以揭示排气回收过程中各参数的变化规律，必须从理论上加以研究。

本章通过对功率键合图法的基本思想及组成原理的分析，建立排气回收控制系统的键图模型，进而推导出系统的数学模型，并利用 MATLAB/Simulink、AMESim 等对排气回收控制系统的数学模型进行验证，为进一步研究排气回收控制装置及系统回收效率评价方法打下基础。

2.1　功率键合图法的基本思想及其在气动系统仿真领域的实现

随着科学技术的迅猛发展，工程系统的动态分析与设计已显得日益重要。性能良好的工程系统，在设计、试验、操作及合理使用方面都需要充分了解有关系统的动态性能，计算机仿真为此提供了有效的手段，其中关键的问题是如何有效合理地建立系统的动力学模型并加以处理。

由于工程系统的复杂性及多样性，一个系统不仅仅涉及单一能量形式，往往是多种能量形式的耦合。现有的各种系统动力学分析方法，往往仅限于单一能域的系统，对多能域并存的工程系统具有局限性。

20 世纪 50 年代末由美国的 H M Paynter 教授所提出的键合图理论为此提供了有效的解决途径。几十年来，以 D C Karnopp 及 R C Rosenberg 为代表的一批学者，在键合图理论及应用的研究方面起到了重要的作用，为多能域复杂系统的动态分析奠定了基础。功率键合图是一种非常有效的建模工具，与其他系统动力学分析方法相比较，键合图法具有许多独到之处：①可以用统一的方式处理多种能量形式并存的系统；②表达系统动态性能的键合图模型结构简明，包含信息量大，可以直观地揭示组成系统各元件之间的相互作用以及能量转换关系，加深人们对系统动力学结构的认识；③键合图动力学方程的建立方法具有规则化的特点，它与系统动态数学模型之间又存在着严格的逻辑上的一致性，可以根据系统的功率键合图的规律推导出相应的数学模型[27-46]。

键合图是系统动态性能统一的直观图形表示。构成它的基本元件称为键合图元，键合图元间的连线代表功率的流动，称为键。一个键合图元与另一个键合图元进行能量传递的地方称为通口。通口用画在键合图元旁边的一根线段表示。值得说明的是，通口是对一个键合图元而言，而键则关联着两个键合图元。在未形成键的通口上没有能量流动，而键则用以传送功率。这种传送功率的键又称为功率键。还有一种键也关联着两个键合图元，但它不传送功率，而只传递信号，故这种键称为信号键。在功率键的一端带有半个箭头符号，而在信号键上则带有全箭头符号。一根键所关联的键合图元之间的联接称为键接。当键合图元键接后，能量从一个键合图元传送到另一个键合图元的过程中，在键上没有能量损失。键合图理论将多种物理参量统一地归纳成四种广义变量，即势变量、流变量、广义动量和广义位移。其中势变量 $e(t)$ 和流变量 $f(t)$ 的标量积称为功率 $P(t)$，即

$$P(t) = e(t)f(t) \tag{2-1}$$

故势变量和流变量又称为功率变量。广义动量 $p(t)$ 定义为势变量的时间积分，即

$$p(t) = \int e(t)\,\mathrm{d}t \tag{2-2}$$

或

$$p(t) = p_0 + \int_{t_0} e(t)\,\mathrm{d}t \tag{2-3}$$

式中 p_0——时间 t_0 时的初始动量（kg·m/s）。

广义位移 $q(t)$ 定义为流变量的时间积分，即

$$q(t) = \int f(t)\,\mathrm{d}t \tag{2-4}$$

或

$$q(t) = q_0 + \int_{t_0}^{t} f(t)\,\mathrm{d}t \tag{2-5}$$

式中 q_0——时间 t_0 时的初始位移（m）。

广义动量和广义位移是能量变量。因为通过一根键的能量 $E(t)$ 可以写成

$$E(t) = \int e(t)f(t)\,\mathrm{d}t \tag{2-6}$$

由式（2-2）和式（2-4）可知

$$e(t)\,\mathrm{d}t = \mathrm{d}p(t) \tag{2-7}$$
$$f(t)\,\mathrm{d}t = \mathrm{d}q(t) \tag{2-8}$$

将式（2-7）和式（2-8）分别代入式（2-6）可得

$$E(t) = \int f(t)\,\mathrm{d}p(t) \tag{2-9}$$

和

$$E(t) = \int e(t)\,\mathrm{d}q(t) \tag{2-10}$$

若将势变量 $e(t)$ 写成广义位移 $q(t)$ 的函数 $e(q)$，将流变量 $f(t)$ 写成广义动量 $p(t)$ 的函数 $f(p)$，则可将式（2-9）和式（2-10）写成

$$E(t) = \int f(p)\,\mathrm{d}p \tag{2-11}$$

和

$$E(t) = \int e(q)\,dq \qquad (2\text{-}12)$$

式（2-11）和式（2-12）表明，广义动量和广义位移是能量变量。

键合图方法在流体传动中应用已久，尤其在液压传动方面已有较成型的应用，表 2-1 列写了广义变量与气压变量的对应关系。相比之下，气体的可压缩性和热力学性质影响了键合图在气动系统中的应用，不能采用液压系统所采用的方法，具体讲，有以下难点。

1）气动系统中，气体流经阀口时，由于气体流动的壅塞现象，致使阀口流量方程是一个分段的非线性方程。

2）气体的热力学性质不能忽略，因此在描述系统时，气体的压力能和热能同时起作用，且两者相互联系，不能分开处理。

3）气动系统中工作介质的可压缩性对气动系统动态特性的影响很大。

4）气动系统出力较液压系统小，气缸活塞和缸筒之间的摩擦力与其出力相比，影响比液压系统摩擦力大，且摩擦力建模很困难。

正因为如此，在建立气动系统动态模型时，采用传统的线性化方法误差很大，用键合图方法建模也较其他系统建模困难。

表 2-1　气压变量与广义变量的对应关系

广义变量		气压变量	
		名称	单位
势变量 e		压力 p	N/m^2
流变量 f		体积流量 q_V	m^3/s
广义动量 p		压力动量 λ	$Pa \cdot s$
广义位移 q		体积 V	m^3
功率 $P = ef$		功率 $P = pq_V$	W
能量	$E(t) = \int^t f(p)\,dp$	$E(\lambda) = \int q_V\,d\lambda$（动能）	J
	$E(t) = \int^t e(q)\,dq$	$E(V) = \int p\,dV$（势能）	

为了用键合图理论描述气动系统，日本的研究学者在 BGSP 软件的建模中采用了如下真键合图思想[34]：以气动系统中的压力 p、温度 T 为势变量，以体积流量变化量 $\dot{q}_V$ 和熵流量变化量 $\dot{S}$ 作为流变量，其中压力 p 与体积流量变化量 $\dot{q}_V$ 的乘积和温度 T 与熵流量 $\dot{S}$ 的乘积正好都是功率变化量，分别代表了气体的压力能和热能。图 2-1 所示的控制体表示系统中的容腔等。一方面气体以 q_{m1}（质量流量）或 q_{V1}（体积流量）进入控制体，带入能量为 $\dot{E}_1$；另一方面，气体以 q_{m2} 或 q_{V2} 流出控制体，带出能量为 $\dot{E}_2$。控制体的体积为 V。控制体与外界的热交换能量为 $\dot{E}_q$，对外做功为 $\dot{E}_w$。用一个气动 C 场来描述，其真键合图模型如图 2-2 所示。

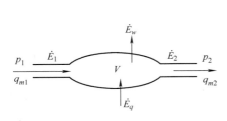

图 2-1　控制体

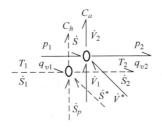

图 2-2　气动 C 场真键合图

对于图 2-2 所示的气动 C 场真键合图模型，根据键合图 0 结点的物理意义得到式（2-13）和式（2-14）。

$$\dot{V}_2 = q_{V1} - q_{V2} + \dot{V}_1 + \dot{V}^* \tag{2-13}$$

式中　$\dot{V}_1$——控制体进气端气体的体积变化（m³/s）；

　　　$\dot{V}_2$——控制体出气端气体的体积变化（m³/s）；

　　　$\dot{V}^*$——外界施加于控制体的体积变化（m³/s），见式（2-15）。

$$\dot{S} = \dot{S}_1 - \dot{S}_2 + \dot{S}_p + \dot{S}^* \tag{2-14}$$

式中　$\dot{S}$——控制体出气端的气体熵流量变化（J/K）；

　　　$\dot{S}_1$——流入控制体的熵流量（J/K），见式（2-16）；

　　　$\dot{S}_2$——流出控制体的熵流量（J/K），见式（2-17）；

　　　$\dot{S}_p$——控制体进气端的气体熵流量变化（J/K），见（2-18）；

　　　$\dot{S}^*$——外界施加于控制体的熵流量（J/K），见（2-19）。

外界施加于控制体的体积变化 $\dot{V}^*$ 为

$$\dot{V}^* = \left(1 - \frac{\rho_2}{\rho_1}\right)(q_{V1} - q_{V2}) \tag{2-15}$$

式中　ρ_1——进入端的空气密度（kg/m³）；

　　　ρ_2——出气端的空气密度（kg/m³）。

流入控制体的熵流量 $\dot{S}_1$ 为

$$\dot{S}_1 = \dot{m}_1 \dot{i}_1 / T \tag{2-16}$$

式中　$\dot{m}_1$——流入控制体内质量的增量（kg）；

　　　$\dot{i}_1$——流入控制体的单位内能增量（J/kg）；

　　　T——温度（K）。

流出控制体的熵流量 $\dot{S}_2$ 为

$$\dot{S}_2 = \dot{m}_2 \dot{i}_2 / T \tag{2-17}$$

式中　$\dot{m}_2$——流出控制体内质量的增量（kg）；

　　　$\dot{i}_2$——流出控制体的单位内能增量（J/kg）。

控制体进气端的熵流量变化 $\dot{S}_p$ 为

$$\dot{S}_p = \dot{E}_q / T \tag{2-18}$$

外界施加于控制体的熵流量 $\dot{S}^*$ 为

$$\dot{S}^* = (TS - i)\dot{m}/T + \dot{m}_1(p_1 v_1 - p_2 v_2)/T \tag{2-19}$$

式中　S——控制体的内熵值（J/K·kg）；

　　　$\dot{i}$——控制体内的单位内能增量（J/kg）；

　　　$\dot{m}$——控制体内的质量增量；

　　　p_1——进入端的空气压力（Pa）；

　　　p_2——出气端的空气压力（Pa）；

　v_1、v_2——进气端和出气端气流速度（m/s）。

质量流量和体积流量的关系为

$$q_m = \rho q_V \tag{2-20}$$

根据变质量系统热力学理论，将上述公式（2-13）~式（2-19）整理得到

控制体内的质量增量 $\dot{m}$　　$\dot{m} = q_{m1} - q_{m2}$

控制体的能量增量 $\dot{E}$　　$\dot{E} = \dot{E}_1 - \dot{E}_2 + \dot{E}_q - \dot{E}_w$ $\qquad$ (2-21)

式（2-21）反映了图 2-2 所示模型的可取之处在于采用双通道键合图，严格按照键合图理论的意义，提出了气动控制体的键合图模型，反映了气动系统质量守恒和能量守恒本质。但是它的致命缺陷是太拘泥于键合图的势变量×流变量＝功率的要求，致使模型中选择的流变量或者应用不变（体积流量），或者意义模糊（熵流量），使得模型的应用很不方便。

为了克服上述模型的缺陷，借鉴热流体的相关理论，继承了上述模型的双通道形式，抓住其质量守恒和能量守恒的本质，引入伪键合图的概念，即仍以气动系统中的压力 p、温度 T 为势变量，但改流变量为质量流量 q_m 和能量流量 $\dot{E}$[44]。因此，此时的势变量与流变量的乘积不再是功率，这种模型称作伪键合图模型，如图 2-3 所示。

不论是图 2-2 所示的气动真键合图模型，还是图 2-3 所示的气动伪键合图模型，两者最终都可以归结到能量守恒的本质。

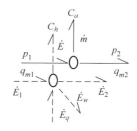

图 2-3　气动 C 场伪键合图模型

下面将用双通道伪键合图理论来建立排气回收控制系统的键图模型。

2.2　气罐式排气回收控制系统键合图模型的建立

与液压系统不同，气动系统的建模应从其工作介质 – 气体的可压缩性这一基本特征出发，根据气体动力学和热力学的基本理论进行特性分析。由于气体的可压缩性，气体的压力变化直接影响气体的密度，而且气体在能量传输和节流的过程中将要引起气体流动状态的变化。由于影响气动系统动态特性的因素很多，因此，在建

立数学模型时要作必要的简化，但又必须保证模型的解满足要求。

国内外对气动系统的建模已做过很多研究。因气体运动状态较为复杂，通常都作如下假设[47-67]：

1）所使用的工作介质（空气）遵循理想气体各规律。

2）气体在同一容腔内的温度场、压力场及密度场均是均匀的，任意时刻腔室中的气体热力学过程为准静态过程，各个容腔室内气体的状态参数视作集中参数。

3）系统与外界及气缸进气腔与排气腔两腔间的泄漏忽略不计。

4）排气回收过程中，气体的热力学过程为绝热过程，即容腔内气体与外界无能量交换。

5）气缸运动过程中，忽略由于气体速度变化引起的气体惯性力的影响，气体作用在活塞上的力只是静压力。

6）气源压力、大气压力及环境温度为恒定。

7）气体进出气缸流过节流口的流动是稳定的一维流动，相当于气体经过收缩喷管的流动。

本书中，除有特别说明外，计算式中的 p 均为绝对压力。

2.2.1　排气回收系统的工作原理

排气回收控制系统原理图如图 2-4 所示，在气缸排气侧附加了排气回收装置。由于气罐容积一般较气缸排气腔容积大很多，因此，气缸活塞运动一个工作行程，气缸排气腔的压缩空气排入气罐的气体较少，气罐内的压力变化也较小。但因气缸活塞做往复运动，随着气缸排气腔的压缩空气不断地排入气罐，气罐回收的气体越来越多，回收气罐内的压力也越来越高。排气回收过程中，气缸排气腔与回收气罐间的压差越来越小，气缸背压升高，气缸排气腔的气体流经排气管道的流速越来

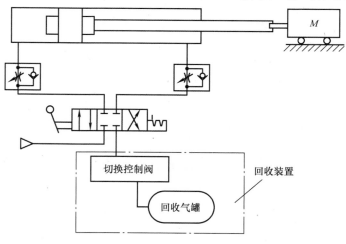

图 2-4　排气回收控制系统原理图

低，即流经排气管道的气体质量流量越来越小。在气源压力一定的情况下，相当于排气节流回路中流量控制阀的开度逐渐减小，气缸活塞的运行速度会逐渐降低。因此，附加的排气回收装置会对气缸活塞的速度特性产生影响。然而，标准气缸的速度一般是 50～500mm/s，当活塞速度低于 50mm/s 时气缸活塞可能停止或发生"爬行"现象，因此，系统排气回收过程中，为了尽量减小对气缸活塞运动特性的影响，排气回收阀必须适时切换使气缸排气腔由回收状态切换到排向大气状态。

建模时，可以将管路容积折算到气缸两腔，使其成为气缸容腔闭死容积的一部分，并将阻性元件（各种阀类元件等）进行等效合成，这样就可以将图 2-4 简化为图 2-5 的形式。

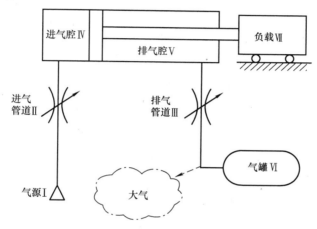

图 2-5　排气回收控制系统简化图

2.2.2　系统键图模型的建立

在研究排气回收控制系统的动态特性时，其功率键合图表示该系统在动态过程中的功率流动过程，即表示系统在各种因素下，动态过程中功率的流向、汇集、分配和能量转换等情况。

下面将根据图 2-4 排气回收系统的工作原理、图 2-5 排气回收系统简化示意图以及功率键合图的相关理论来建立排气回收系统的键合图模型。

1. 气源 I 的键图模型

气动系统的气源部分一般包括空气压缩机、空气过滤器、管道、气罐、减压阀等，最后连接到执行元件，把这几部分综合考虑用一个恒温恒压源来表示气源的键合图模型[38]，这样模型得到简化，应用方便又易于理解。

气源的双通道伪键合图模型如图 2-6 所示，图中 p_s 为气源压力（Pa）；q_{ms} 为质量流量（kg/s）；T_s 为气源温度（K）；$\dot{E}_s$ 为内能增量（J）。

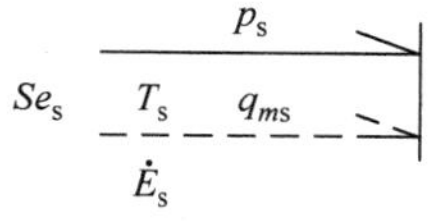

图 2-6　气源 I 的键图模型

2. 进气管道Ⅱ和排气管道Ⅲ的键图模型

（1）进气管道Ⅱ的键图模型 图 2-7 为进气管道Ⅱ等效气阻示意图。图 2-8 为进气管道Ⅱ的键图模型。

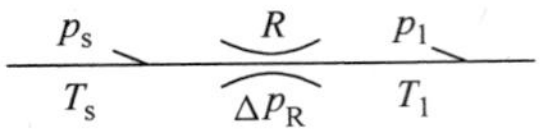

图 2-7 进气管道Ⅱ等效气阻示意图

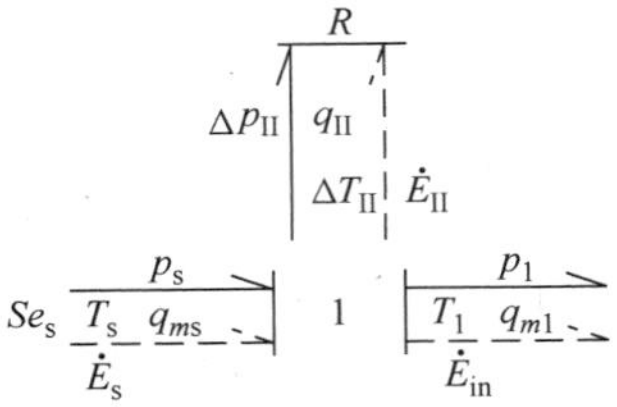

图 2-8 进气管道Ⅱ的键图模型

由阻性元件 R 和共流结（1 – 结）的特性方程可知

$$\Delta p_{\text{II}} = p_s - p_1 \tag{2-22}$$

$$\Delta T_{\text{II}} = T_s - T_1 \tag{2-23}$$

$$q_{\text{II}} = q_{m1} = \frac{1}{R}\Delta p_{\text{II}} \tag{2-24}$$

式中，质量流量函数符合以下公式：

$$q_{m1} = \begin{cases} \dfrac{A_e p_u}{\sqrt{2RT_u}} & \sigma = p_d/p_u \leqslant 0.528 \\[3mm] \dfrac{A_e p_u}{\sqrt{RT_u}}\sqrt{2\sigma(1-\sigma)} & 0.528 < \sigma \leqslant 1 \end{cases} \tag{2-25}$$

式中　A_e——进气管道系统总有效面积（m^2）；

　　　p_d——管道出口压力（Pa）；

　　　p_u——管道入口压力（Pa）；

　　　R——气体常数［$\text{N} \cdot \text{m}/（\text{kg} \cdot \text{K}）$］。

因此，由式（2-24）可知

$$R = \begin{cases} \dfrac{(p_u - p_d)\sqrt{2RT_u}}{A_e p_u} & p_d/p_u \leqslant 0.528 \\[3mm] \dfrac{\sqrt{RT_u}(p_u - p_d)}{A_e\sqrt{2p_d}} & 0.528 < p_d/p_u \leqslant 1 \end{cases} \tag{2-26}$$

（2）排气管道Ⅲ键图模型 图 2-9 为排气管道Ⅲ等效气阻示意图。图 2-10 为排气管道Ⅲ的键图模型。

由阻性元件 R 和共流结（1 – 结）的特性方程可知

$$\Delta p_{\text{III}} = p_2 - p_3 \tag{2-27}$$

$$\Delta T_{\text{III}} = T_2 - T_3 \tag{2-28}$$

$$q_{\text{III}} = q_{m2} = q_{m3} = \frac{1}{R}\Delta p_{\text{III}} \tag{2-29}$$

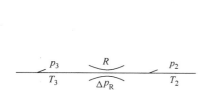

图 2-9　排气管道Ⅲ等效气阻示意图

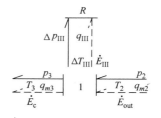

图 2-10　排气管道Ⅲ的键图模型

3. 气缸腔Ⅳ和Ⅴ的键图模型

（1）进气腔Ⅳ的键图模型　气缸进气腔腔室的键图模型如图 2-11 所示。

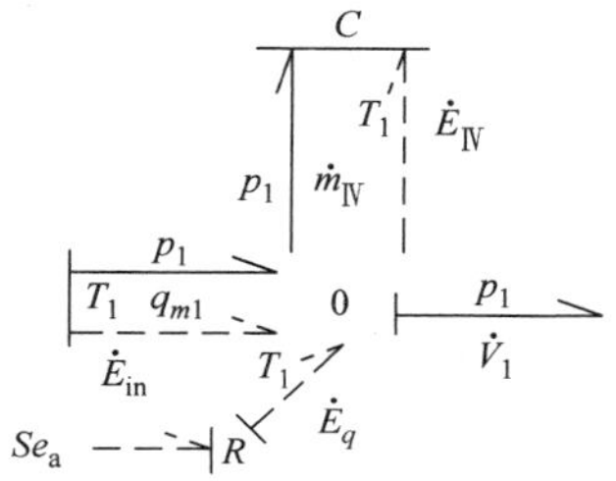

由共势结（0 – 结）以及容性元件 C 和阻性元件 R 的特性方程可知

$$\dot{E}_{\text{IV}} = \dot{E}_{\text{in}} + \dot{E}_q - \dot{E}_{w1} \tag{2-30}$$

$$p_1 = \frac{1}{C_a} m_{\text{IV}} \tag{2-31}$$

图 2-11　进气腔Ⅳ的键图模型

$$T_1 = \frac{1}{C_b} E_{\text{IV}} \tag{2-32}$$

式中　$\dot{E}_{\text{IV}}$——气缸进气腔能量增量（J），见式（2-33）；

$\dot{E}_{\text{in}}$——气体以 q_{m1}（质量流量）进入进气腔所带入能量（J），见式（2-34）；

$\dot{E}_q$——进气腔与外界的热交换能量（J），见式（2-35）；

$\dot{E}_{w1}$——对外做功（J），见式（3-36）。

$$\dot{E}_{\text{IV}} = q_{m1} i_{\text{in}} \tag{2-33}$$

$$\dot{E}_{\text{in}} = q_{m1} h_{\text{in}} \tag{2-34}$$

$$\dot{E}_q = \alpha S_k \dot{T} \tag{2-35}$$

式中　i_{in}——进入控制体的内能（J/kg）；

h_{in}——进入控制体的焓（J/kg）；

S_k——传热面积（m²）；

α——传热系数；

$\dot{T}$——温度变化量（K）。

$$\dot{E}_{w1} = p_1 \dot{V} \tag{2-36}$$

$$i_{\text{in}} = c_V T \tag{2-37}$$

$$h_{\text{in}} = c_p T \tag{2-38}$$

$$m_{\text{IV}} = q_{m1} t \tag{2-39}$$

式中　c_V——比定容热容 [J/(kg・K)]；

c_p——比定压热容 [J/(kg・K)]。

气缸进气腔内的气体在某一时刻满足气体状态方程，按照容性元件 C 的特性方程可知

$$pV = mRT \tag{2-40}$$

$$C_a = \frac{V}{RT} \tag{2-41}$$

$$C_b = c_v m \tag{2-42}$$

设已知气缸进气腔的闭死容积初值为 V_{10}、气缸活塞的有效截面积为 A 和活塞瞬时速度为 v，则可通过下式求解瞬时体积：

$$V = \int Avdt + V_{10} \tag{2-43}$$

（2）排气腔 V 键图模型　气缸排气腔的键图模型如图 2-12 所示

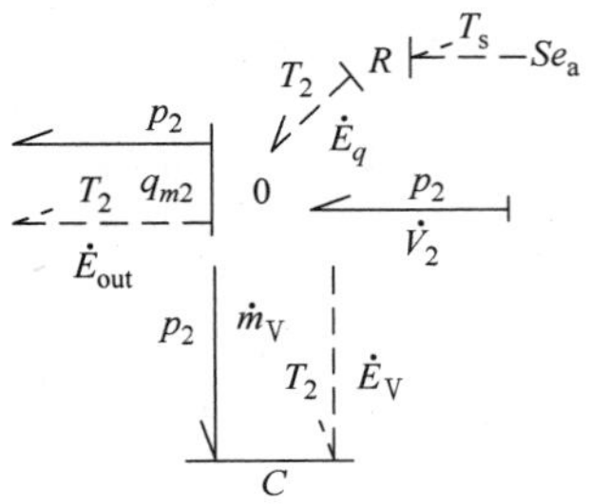

由共势结（0 - 结）以及容性元件 C 和阻性元件 R 的特性方程可知

图 2-12　排气腔 V 键图模型

$$\dot{E}_V = \dot{E}_{w2} - \dot{E}_{out} + \dot{E}_q \tag{2-44}$$

$$p_2 = \frac{1}{C_a}m_V \tag{2-45}$$

$$T_2 = \frac{1}{C_b}E_V \tag{2-46}$$

式中　$\dot{E}_V$——气缸排气腔室能量增量（J）；

$\dot{E}_{out}$——气体以 q_{m2} 流出排气腔所带出的能量（J）；

$\dot{E}_q$——排气腔与外界的热交换能量（J）；

$\dot{E}_{w2}$——对外做功（J）。

式中各变量可参照式（2-33）~式（2-43）写出。

4. 气罐腔 VI 的键图模型

气罐腔 VI 的键图模型如图 2-13 所示。

对于回收气罐来说，只有气体流入，由共势结（0 - 结）以及容性元件 C 和阻性元件 R 的特性方程可知

$$\dot{E}_3 = \dot{E}_c + \dot{E}_q \tag{2-47}$$

$$p_3 = \frac{1}{C_a}m_3 \tag{2-48}$$

$$T_3 = \frac{1}{C_b}E_3 \tag{2-49}$$

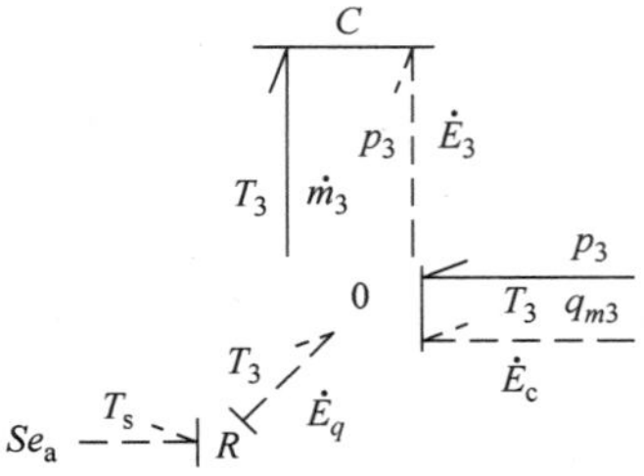

图 2-13　气罐腔 VI 的键图模型

式中　$\dot{E}_3$——储气罐腔室能量增量（J）；

　　　$\dot{E}_c$——以气流 q_{m1} 进入储气罐所带入的能量（J）。

5. 负载Ⅶ的键图模型

气缸负载Ⅶ的键图模型如图 2-14 所示。

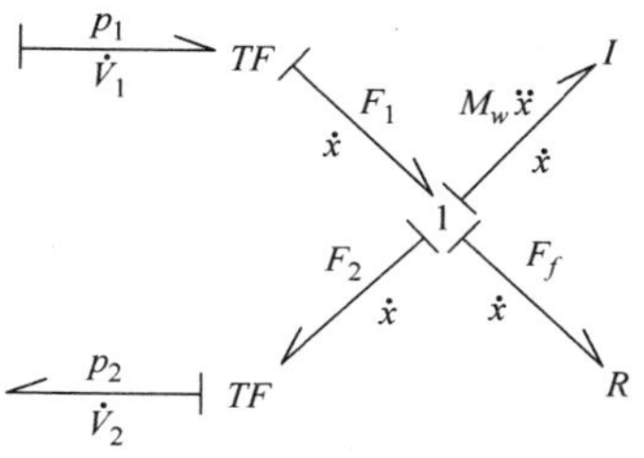

根据图 2-14 气缸负载的键图模型以及惯性元件 I、共流结（1 - 结）和转换元件 TF 的特性方程可知

$$F_1 = A_1 p_1 \tag{2-50}$$

$$\dot{V}_1 = A_1 \dot{x} \tag{2-51}$$

$$F_2 = A_2 p_2 \tag{2-52}$$

图 2-14　气缸负载Ⅶ的键图模型

$$\dot{V}_2 = A_2 \dot{x} \tag{2-53}$$

$$F_1 = M_w \ddot{x} + F_2 + F_f \tag{2-54}$$

式中　F_1——气缸进气侧气体压力作用在活塞上的力（N）；

　　　A_1——气缸进气侧活塞的有效作用面积（m²）；

　　　F_2——气缸排气侧气体压力作用在活塞上的力（N）；

　　　A_2——气缸排气侧活塞的有效作用面积（m²）；

　　　$\dot{V}_1$——气缸进气侧容腔容积变化（m³/s）；

　　　$\dot{V}_2$——气缸排气侧容腔容积变化（m³/s）；

　　　M_w——质量负载（kg）；

　　　F_f——摩擦力（N）。

6. 系统键图模型的建立

图 2-15 所示为排气回收控制系统的能量流动示意图。排气回收控制系统的键图模型如图 2-16 所示。对比图 2-15 和图 2-16 可以非常直观地看出，排气回收控制系统的能量传递和转换过程：气源压缩空气经进气管道进入气缸进气腔（驱动腔）压缩空气的压力能推动活塞运动，气缸活塞运动做功，压缩气缸排气腔内的气体，使其流经排气管道，然后这部分压缩空气排入回收气罐或回收控制阀切换后排向大气。

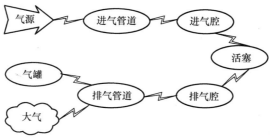

图 2-15　排气回收控制系统的能量流动示意图

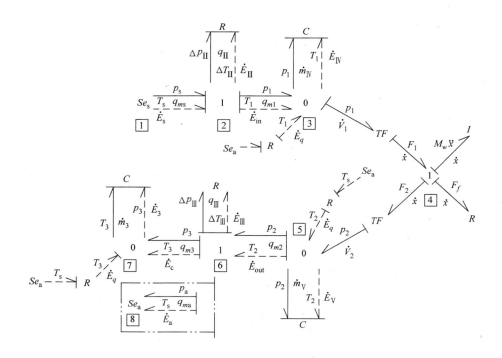

图 2-16　排气回收控制系统的键图模型
1—气源　2—进气管道　3—进气腔　4—活塞
5—排气腔　6—排气管道　7—储气罐　8—大气

2.3　气罐式排气回收控制系统数学模型的建立

图 2-16 中气动伪键合图与机械真键合图的连接是借助键图符号 0（共势结）、C（容性元件）和 TF（变换器）实现的，即气体进入（流出）容腔，形成一定的压力。该压力作用在活塞上，转变成力，从而使气体的压力能转变为机械能，形成了机械环节的势源。活塞运动做功对容腔内气体能量的影响反作用到容腔内气体上，满足对容腔效应的描述。该方式既满足物理意义又结构简单，是气动伪键合图与机械真键合图连接的有效方法。

图 2-16 所示键图模型具有全积分因果关系，该情况下，系统状态变量数目与系统键合图模型中所含储能元件的个数相等[27,38]。

下面将根据图 2-16 所示键合图模型以及键合图基本元件的特性方程，推导气缸和气罐容腔的压力方程以及气缸活塞的运动方程。

2.3.1　能量方程

1. 进气腔的压力方程

$$\dot{p}_1 = \frac{R}{V_1 c_V}[\alpha S_k(T_s - T_1)] + \frac{\kappa R T_1 q_{m1}}{V_1} - \frac{\kappa p_1}{V_1}\dot{V}_1 \tag{2-55}$$

$$V_1 = A_1(x_{10} + x) \tag{2-56}$$

式中　V_1——进气腔容积（m^3）；

$\quad$ A_1——气缸进气侧活塞的有效作用面积（m^2）；

$\quad$ p_1——气缸进气腔气体绝对压力（MPa）；

$\quad$ x——活塞位移（m）；

$\quad$ x_{10}——进气腔余隙容积的当量长度（m）；

$\quad$ q_{m1}——气源流经进气管道的质量流量（kg/s）；

$\quad$ S_k——传热面积（m^2）；

$\quad$ α——传热系数；

$\quad$ R——气体常数［N·m/(kg·K)］；

$\quad$ T_s——气源温度（K）；

$\quad$ κ——比热比。

2. 排气腔压力方程

$$\dot{p}_2 = \frac{R}{V_2 c_v}[\alpha S_k(T_s - T_2)] - \frac{\kappa R T_2 q_{m2}}{V_2} - \frac{\kappa p_2}{V_2}\dot{V}_2 \tag{2-57}$$

$$V_2 = A_2(x_{20} + S - x) \tag{2-58}$$

式中　V_2——气缸排气腔容积（m^3）；

$\quad$ A_2——气缸排气侧有效作用面积（m^2）；

$\quad$ q_{m2}——气缸排气腔流经排气管道的质量流量（kg/s）；

$\quad$ p_2——气缸排气腔气体的绝对压力（MPa）；

$\quad$ x_{20}——排气腔余隙容积的当量长度（m）；

$\quad$ S——气缸行程（m）。

3. 回收气罐容腔的压力方程

$$\dot{p}_c = \frac{R}{V_c c_V}[\alpha S_k(T_s - T_c)] + \frac{\kappa R T_c q_{m2}}{V_c} \tag{2-59}$$

式中　V_c——回收气罐容积（m^3）；

$\quad$ T_c——回收气罐内气体温度（K）。

2.3.2　气缸活塞的运动方程

根据牛顿第二定律，气缸活塞的运动方程为

$$
\begin{cases}
\ddot{x} = \dfrac{1}{M_w}[\, p_1 A_1 + p_a(A_2 - A_1) - p_2 A_2 - F\,] \\
\quad (x = 0 \cap p_1 A_1 + p_a(A_2 - A_1) > p_2 A_2 + F) \cup (0 < x < S) \\[6pt]
\ddot{x} = \dfrac{1}{M_w}[\, p_1 A_1 + p_a(A_2 - A_1) + F - p_2 A_2\,] \\
\quad (x = S \cap p_1 A_1 + p_a(A_2 - A_1) + F < p_2 A_2) \\[6pt]
\ddot{x} = 0 \\
\quad (x = 0 \cap p_1 A_1 + p_a(A_2 - A_1) \leqslant p_2 A_2 + F) \cup \\
\quad (x = S \cap p_1 A_1 + p_a(A_2 - A_1) + F \geqslant p_2 A_2)
\end{cases}
\tag{2-60}
$$

式中　M_w——气罐活塞及其驱动部件的质量（kg）；

　　　p_a——标准状态下的大气压力（MPa）；

　　　F——力负载，即除压缩空气外，作用在活塞上的全部力的合力（N）。

气缸运动过程中，最难确定的是摩擦阻力 F_f，即活塞及活塞杆的密封摩擦力。摩擦力取决于许多因素，如气缸直径、活塞运动速度、两腔压力、负载大小、密封的结构和质量好坏、润滑情况等。关于摩擦力的确定，国内外学者都做过不少研究。书中采用下述摩擦力模型[68-83]：

$$
F_f = \begin{cases} F_s & u = 0 \\ F_c + Cu & u > 0 \end{cases}
\tag{2-61}
$$

式中　F_s——静摩擦力（N）；

　　　F_c——库仑摩擦力（N）；

　　　u——活塞的运动速度（m/s）；

　　　C——黏性摩擦系数［N（m/s）］。

在气压传动系统动力学计算中，也可采用以下的数据来粗略估算平均摩擦阻力：实践表明，摩擦力的影响与缸径有关，缸径越小，对摩擦力的影响越大。对于直径 $D = 0.05\mathrm{m}$ 的气缸，可取 $F_f \approx 0.25 p_s A_1$；对于 $D = 0.3\mathrm{m}$ 的气缸，可取 $F_f \approx (0.03 \sim 0.05) p_s A_1$。

2.3.3　流量方程

根据 Sanville F E 的研究[102]，实际气动元件的流量可用下式计算：

$$
q_m = \frac{A_e p_u \sqrt{1-b}}{\sqrt{R T_u}} \omega_e
\tag{2-62}
$$

$$
\omega_e = \begin{cases} \sqrt{1 - \left(\dfrac{\sigma - b}{1 - b}\right)^2} & b < \sigma = \dfrac{p_d}{p_u} \leqslant 1 \\[10pt] 1 & \sigma = \dfrac{p_d}{p_u} \leqslant b \end{cases}
\tag{2-63}
$$

式中　A_e——进或排气管道系统总有效面积（m^2）；

　　　p_u——上游压力（MPa）；

　　　p_d——下游压力（MPa）；

　　　T_u——管系的上游温度（K）；

　　　σ——压力比；

　　　b——临界压力比，取值范围为 0.2～0.5。

复杂的气动回路可以分解成若干条并联回路和串联回路。并联或串联回路是由若干个气动元件组成的。已知组成气动回路的各个气动元件的有效截面积，可以求得气动回路的合成有效截面积[84-108]。式（2-62）中进或排气管道系统总有效面积 A_e 可按下述方法求解：

1. 串联元件管道系统的流量特性

图 2-17 为 n 个气动元件串联，保持回路进口压力 p_1、进口温度 T_1 不变，出口压力为 p_e，并设所有连接管都是截面积较大的短管。

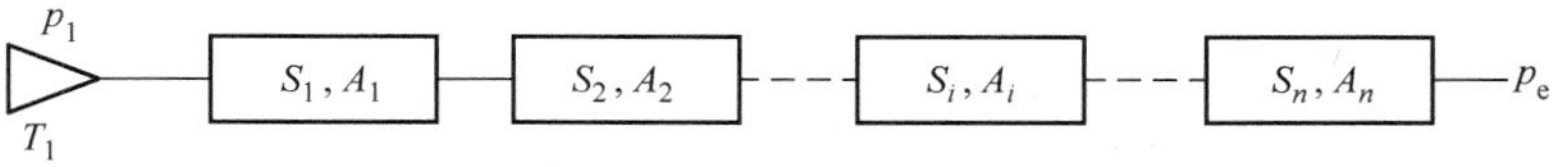

图 2-17　串联元件管道系统

通过串联回路的质量流量 q_m 等于通过每个元件的质量流量 q_{mi}，有

$$q_m = q_{mi} \tag{2-64}$$

串联回路的总压降 Δp（$\Delta p = p_1 - p_e$）等于各个元件两端压降 Δp_i（$\Delta p_i = p_i - p_{i+1}$）之和，有

$$\Delta p = \sum_{i=1}^{n} \Delta p_i \tag{2-65}$$

对于不可压缩流动，流经气动元件的有效面积为

$$A = q_V \sqrt{\frac{\rho}{2\Delta p}} \times 10^3 \tag{2-66}$$

将式（2-64）和式（2-65）代入式（2-66），可得串联回路在不可压缩流态下的合成有效截面积

$$\frac{1}{A^2} = \sum_{i=1}^{n} \frac{1}{A_i^2} \tag{2-67}$$

串联回路处于壅塞流态下的合成有效截面积 S 值的计算比较复杂。粗略估算时，可借助式（2-67）的形式，将合成有效截面积 S 写成

$$\frac{1}{S^2} = \sum_{i=1}^{n} \frac{1}{S_i^2} \tag{2-68}$$

此式算出的合成有效截面积 S 值比实际值小。

2. 并联管道系统的流量特性计算

图 2-18 为 n 个气动元件并联的并联回路。已知每个元件不可压缩流态下的有效截面积为 A_i、壅塞流态下的有效截面积为 S_i，保持回路进口压力 p_1、进口温度 T_1 不变，出口压力为 p_e，并设所有连接管都是截面积较大的短管，即不计连接管内的流动损失。

根据总质量流量 q_m 等于 n 个分支上元件的质量流量 q_{mi} 之和，有

$$q_m = \sum_{i=1}^{n} q_{mi} \qquad (2\text{-}69)$$

因并联回路的总压降 Δp（$\Delta p = p_1 - p_e$）等于每个分支上元件两端压降 Δp_i（$\Delta p_i = (p_1 - p_e)_i$）之和，有

$$\Delta p = \Delta p_i \qquad (2\text{-}70)$$

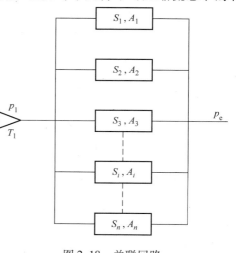

图 2-18   并联回路

对于不可压缩流动，将式（2-69）和式（2-70）代入式（2-66），得串联回路在不可压缩流态下的合成有效截面积

$$A = \sum_{i=1}^{n} A_i \qquad (2\text{-}71)$$

当全部元件都处于壅塞流态下，粗略估算时，可借助式（2-71）的形式，将合成有效截面积 S 写成

$$S = \sum_{i=1}^{n} S_i \qquad (2\text{-}72)$$

由式（2-55）~ 式（2-63）可以看出，排气回收控制系统的数学模型是一组非常复杂的非线性微分方程组，只有在特殊情况下，如气缸活塞做稳定运动或接近稳定运动时，才可以得到方程解析解，一般情况下，仅能得到方程数值解。这些数学模型反映了回收系统非线性和时变的特性，通过计算机对非线性模型进行数值仿真，可较准确地分析系统中各参数变化对系统运动特性的影响。

2.4   气罐式排气回收系统仿真模型的建立与实验验证

为了分析气缸在排气回收过程中各种参数的动态变化规律，通过对排气回收系统动特性的数字仿真，可获得对回收过程基本规律的认识。为正确选择排气回收系统的有关参数，改进和优化排气回收控制装置的设计提供理论依据。

本节采用全区间积分的变步长龙格 – 库塔法（Runge – Kutta 方法，以下简称 R – K 方法）对排气回收系统的数学模型进行数值求解。Runge – Kutta 方法是高阶

的一步法，是用计算不同点上的函数值，然后对这些函数做线性组合，构造近似公式，把近似公式和解的泰勒展开进行比较，使前面的若干项吻合，从而使近似公式达到一定的阶数，即达到一定的精度。经典的 R - K 方法是一个四阶的方法[109]，公式为

$$\begin{cases} y_{n+1} = y_n + \dfrac{1}{6}(K_1 + 2K_2 + 2K_3 + K_4) \\ K_1 = hf(x_n, y_n) \\ K_2 = hf\left(x_n + \dfrac{h}{2}, y_n + \dfrac{hK_1}{2}\right) \\ K_3 = hf\left(x_n + \dfrac{h}{2}, y_n + \dfrac{hK_2}{2}\right) \\ K_4 = hf(x_n + h, y_n + hK_3) \end{cases} \tag{2-73}$$

下标 n 和 $n+1$ 分别表示 $y_1 = t$ 和 $y_1 = t + h$ 时对应的函数值。根据式（2-73）可知，已知 y_n 即可求出 y_{n+1}，以后各步 y_{n+2}，y_{n+3}，…等也同样由前一步的值求出。步长 h 根据所要保证的精度要求来选择。

下面将用仿真软件 Matlab/Simulink 建立排气回收控制系统的仿真模型[110]（Matlab 仿真程序见附录），对式（2-55）~ 式（2-63）所示排气回收系统的数学模型进行仿真研究，并进行实验验证。

2.4.1　仿真模型的建立

根据气缸数学模型利用 Matlab 软件中 Simulink 的相关模块就能方便地建立仿真框图，如图 2-19 所示[111,112]。

2.4.2　仿真模型的实验验证

针对气缸活塞返回行程的排气回收过程进行了仿真与实验研究。实验系统中气缸的缸径为 40mm、行程为 300mm、气罐容积 5L。

图 2-20、图 2-21 分别为气缸两腔压力和气罐腔压力的仿真曲线与实验曲线对比。

从图 2-20、图 2-21 所示的压力曲线可以看出，不论是进气腔压力、排气腔压力还是气罐内腔室压力曲线，仿真曲线与实验曲线的变化趋势是一样的。进气腔压力变化关系比较吻合，排气腔压力曲线误差较大，特别是在气缸接近和到达行程终点时，误差更大。原因是仿真模型没有考虑气缸接近行程终点时的缓冲。

图 2-22、图 2-23 分别为气缸活塞位移和速度的仿真曲线与实验曲线对比。

从图 2-22、图 2-23 可以看出，气缸活塞位移及速度的仿真曲线和实验曲线基本吻合。但在气缸接近和到达行程终点时，误差较大，原因是气缸进入缓冲行程后运动规律突变，缓冲阀的有效截面积、气缸余隙容积等参数只能估算，而且在仿真

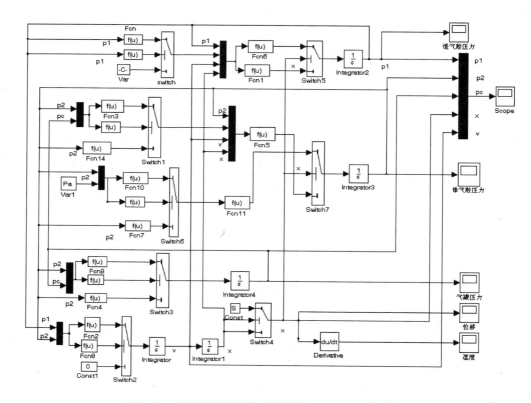

图 2-19　气罐式排气回收控制系统的 Simulink 仿真模型

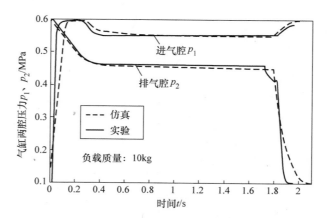

图 2-20　气缸两腔压力的仿真和实验对比曲线

时对系统模型作了一定的简化，这必然会带来误差。

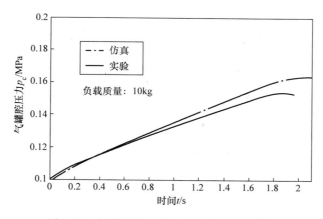

图 2-21　气罐腔压力的仿真和实验对比曲线

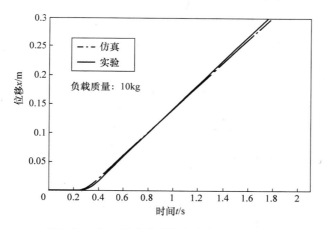

图 2-22　气缸活塞位移仿真和实验对比曲线

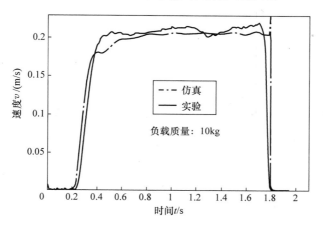

图 2-23　气缸活塞速度仿真和实验对比曲线

2.5　微型排气回收涡轮发电系统相关数学模型的建立与实验验证

常规气压传动系统数学模型的建立过程可参照 2.1~2.4 节。因篇幅有限，不再赘述。

下面仅列出基于 AMESim 的微型排气回收涡轮发电系统相关模型的建立过程。

2.5.1　基于 AMESim 的气动系统动态特性数学模型的建立

气压传动系统简图如图 2-24 所示。

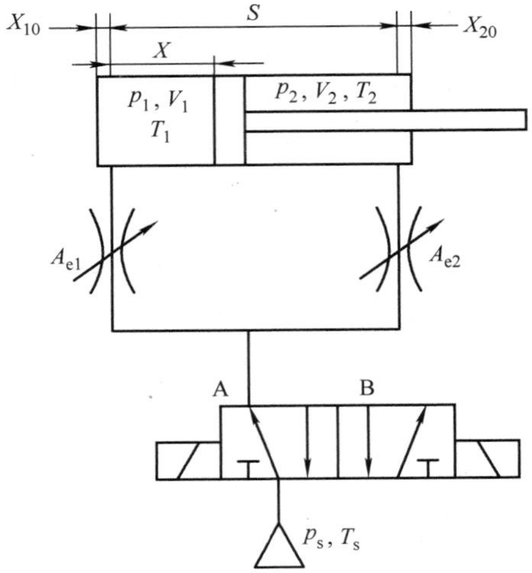

根据式（2-55）~式（2-63）系统数学模型以及图 2-24 气压传动系统简图，建立 AMESim 仿真模型，如图 2-25 所示。

图 2-24　气压传动系统简图

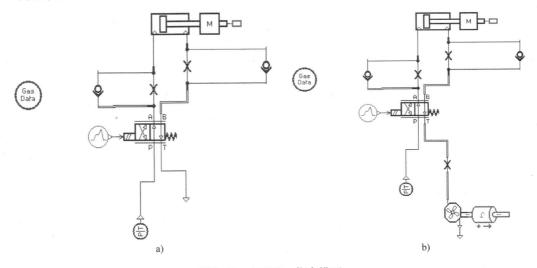

a)　　　　　　　　　　　　b)

图 2-25　AMESim 仿真模型

a）直接排向大气　b）排气回收涡轮发电

2.5.2　AMESim 仿真模型的实验验证

信号周期设置为 4s，步长为 0.001s，仿真和实验参数见表 2-2。

表 2-2　仿真和实验参数

参数名称	参数值	参数名称	参数值
气缸行程	200mm	大气压力	0.1MPa
气缸缸径	50mm	环境温度	293K
气源压力	0.2～0.6MPa	加载质量	10kg

为了分析气缸排气侧附加微型涡轮发电装置后对气缸运动特性的影响规律，设计图 2-26 所示速度特性实验回路。回路 A 为压缩空气直接排空，回路 B 为在气缸排气侧附加消声器，回路 C 为在气缸排气侧附加能量转换装置。比较附加消声器和微型涡轮发电装置对气缸运动特性的影响，讨论附加微型涡轮发电装置是否具有实际意义。

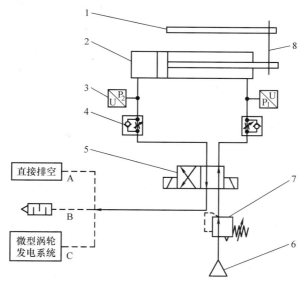

图 2-26　实验回路

1—位移传感器　2—SMC 气缸　3—压力继电器　4—节流阀　5—换向阀
6—气源　7—减压阀　8—连接板

为降低管路长度对实验结果的影响，实验过程中，需尽量缩短从换向阀引出的管路长度及减小排气管路有效截面积。实验参数如表 2-2 所示，通过改变系统气源压力的大小，对气缸往复运动过程中的排气能量转换系统进行仿真和实验，可得到不同气源压力时排气回收能量转换时气压传动系统气缸两腔压力特性及活塞速度特性曲线。

如图 2-27 所示，气源压力为 0.6MPa 时，气缸两腔压力仿真与实验曲线变化趋势是一致的，仿真与实验结果基本吻合，验证了仿真模型的有效性。

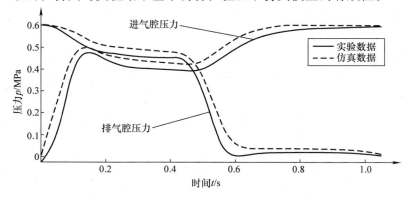

图 2-27   气源压力为 0.6MPa 时气缸两腔压力仿真与实验对比曲线

2.5.3   涡轮叶片受力模型的建立

贝茨（Betz）提出了风力发电机风轮叶片接受风能理论，风力发电机风轮在"理想"状况下，即指风轮没有轮毂，叶片数量无限多，且可以完全接受风能，所通过的气流是近似没有阻力的，其中的气流方向要求始终垂直叶片扫掠面，具体假设如下[113－116]。

1）风轮没有锥角、倾角和偏角，全部接受风能（没有轮毂），叶片无限多，对空气流没有阻力。

2）风轮叶片旋转时没有摩擦阻力；风轮前未受扰动气流静压和风轮后的气流静压相等，即 $p_1 = p_2$。

3）风轮流动模型可简化成一个单元流管。

4）推力均匀作用在风轮上。

分析一个放置在移动的空气中的"理想风轮"叶片所受到的力及移动空气对风轮叶片所做的功。设风轮前方的风速为 v_1，实际通过风轮的风速为 v，叶片扫掠后的风速为 v_2，通过风轮叶片前的风速面积为 S_1，叶片扫掠面的风速为 S 及扫掠后的风速面积为 S_2。风吹到叶片上所做的功等于将风的动能转化为叶片转动的机械能，则必有 $v_1 > v_2$，$S_2 > S_1$，如图 2-28 所示。

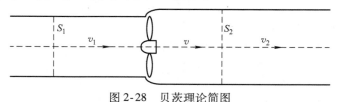

图 2-28   贝茨理论简图

假设空气是不可压缩的，于是由连续条件可得

$$S_1 v_1 = S_2 v_2 = Sv \tag{2-74}$$

风作用在叶片上的力 F 由欧拉定理可得

$$F = \rho Sv(v_1 - v_2) \tag{2-75}$$

故风轮吸收的功率 P 为

$$P = Fv = \rho Sv^2(v_1 - v_2) \tag{2-76}$$

从上游至下游动能的变化 ΔW 为

$$\Delta W = \frac{1}{2}mv_1^2 - \frac{1}{2}mv_2^2 \tag{2-77}$$

由于从上游至下游空气的质量 m 不变，故

$$m = \rho_1 S_1 v_1 = \rho Sv = \rho_2 S_2 v_2 \tag{2-78}$$

所以

$$\Delta W = \frac{1}{2}\rho Sv(v_1^2 - v_2^2)$$

由于风轮吸收的功率是由动能转换而来的，所以

$$P = \Delta W \tag{2-79}$$

即

$$\rho Sv^2(v_1 - v_2) = \frac{1}{2}\rho Sv(v_1^2 - v_2^2)$$

得出

$$v = \frac{v_1 + v_2}{2} \tag{2-80}$$

将式（2-80）代入式（2-75）和式（2-76），可得

$$F = \frac{1}{2}\rho S(v_1^2 - v_2^2) \tag{2-81}$$

$$P = \frac{1}{4}\rho S(v_1^2 - v_2^2)(v_1 + v_2) \tag{2-82}$$

风速 v_1 是在风轮前方，可测得并给定，可写出 P 与 v_2 的函数关系式，并对 P 微分求最大值得

$$\frac{\mathrm{d}P}{\mathrm{d}v_2} = \frac{1}{4}\rho S(v_1^2 - 2v_1 v_2 - 3v_2^2) \tag{2-83}$$

令 $\mathrm{d}P/\mathrm{d}v_2 = 0$，则有两个解：① $v_2 = -v_1$，没有物理意义；② $v_2 = v_1/3$。

将 $v_2 = v_1/3$ 代入式（2-82），得到最大功率为

$$P_{\max} = \frac{8}{27}\rho Sv_1^3 \tag{2-84}$$

将上式除以气流扫掠的风速为 S 时，风所具有的动能，即可推出风机的最大理论效率（或称理论风能利用系数）为

$$\eta_{\max} = \frac{P_{\max}}{\frac{1}{2}\rho S v_1^3} = \frac{(8/27)\rho S v_1^3}{\frac{1}{2}\rho S v_1^3} = \frac{16}{27} \approx 0.593 \qquad (2\text{-}85)$$

上式即为贝茨理论的极限值。表明风力发电机从自然风中所能索取的能量是有限的,这个有限效率值就称为理论风能利用系数 $C_P = 0.593$。而风力发电机的实际风能利用系数往往要低,即 $C_P < 0.593$。其功率损失部分可以理解为留在尾流中的旋转动能。这样风力机实际能得到的有用功率输出为

$$P_s = \frac{1}{2}\rho S v_1^3 C_P \qquad (2\text{-}86)$$

2.5.4 微型涡轮输出转矩分析

参照叶素理论[117-118],叶素为风轮叶片在风轮任意半径 r 处的一个基本单元,它是由 r 处翼型剖面延伸一小段厚度 d_r 而形成的,如图 2-29 所示。

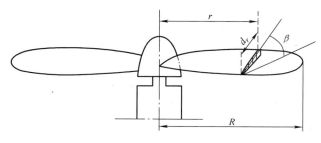

图 2-29 风轮的叶素

作用在每个叶素上的力仅由叶素的翼型升阻特性来决定,叶素本身可以看作是一个二元翼型,作用在每个叶素上的力和力矩延展向积分,可求出作用在风轮上的力和力矩,如图 2-30 所示。

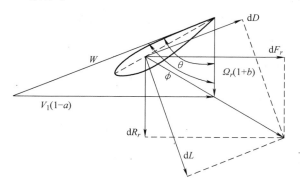

图 2-30 叶素剖面和气流角、受力关系

图 2-30 中:

升力元 dL 为

$$dL = \frac{1}{2}\rho W^2 CC_L d_r \tag{2-87}$$

阻力元 dD 为

$$dD = \frac{1}{2}\rho W^2 CC_D d_r \tag{2-88}$$

$$W = \frac{v}{\sin\phi} \tag{2-89}$$

式中　　L——升力（N）；

　　　　D——阻力（N）；

　　　　C——弦长（m）；

　　　　C_L——升力系数；

　　　　C_D——阻力系数。

水平方向受力单元 dF_x 为

$$dF_x = dL\cos\phi + dD\sin\phi = \frac{1}{2}\rho W^2 Cd_r C_x \tag{2-90}$$

径向受力单元 dF_r 为

$$dF_r = dL\sin\phi - dD\cos\phi = \frac{1}{2}\rho W^2 Cd_r C_r \tag{2-91}$$

式中

$$C_x = C_L\cos\phi + C_D\sin\phi$$

$$C_r = C_L\sin\phi - C_D\cos\phi$$

风轮半径 r 处环素上周推力单位 dT 为

$$dT = BdF_x = \frac{1}{2}\rho W^2 BCd_r C_x \tag{2-92}$$

转矩单元 dM 为

$$dM = BdF_r = \frac{1}{2}\rho W^2 BCC_r rd_r \tag{2-93}$$

式中，B 为叶片数。W 计算见式（2-89）。

在这里干扰系数又称为诱导系数，共有两个：一个是轴向干扰系数 a，另一个是周向干扰系数 b。它们的物理意义就是当气流通过风轮时，风轮对气流速度的影响程度。从图中可以清楚地看出，通过风轮的轴向速度为 $V_1(1-a)$，而不是来流风速 V_1，其中 aV_1 就是风轮产生的诱导速度，是以 a 为系数对 V_1 所打的折扣。同理，气流相对于风轮的切向速度也不是 Ω_r，而是多了一项 $b\Omega_r$，这一项就是切向诱导速度。

应该指出，在进行气动分析时，干扰系数的影响是决不可忽略的，既然不能忽略 a、b 的影响，而确定它们又比较困难，这就造成了气动设计的复杂性。

2.6 小结

本章介绍了功率键合图法建模的基本思想，建立了排气回收控制系统的键图模型，并推导出了系统数学模型。然后，分别应用 MATLAB/Simulink、AMESim 建立了两种回收系统数学模型的仿真模型，并通过实验获得了气缸两腔压力和活塞运动特性曲线。通过比较，建立的模型仿真曲线和实验曲线可知，两者是比较吻合的，这说明本章所建立的数学模型及仿真模型基本上是合理的，这为下一步对排气回收控制装置及系统回收效率评价方法的研究提供了理论依据。

第 3 章　排气回收节能系统基本特性的实验

由气体流动基本规律可知，当气体以声速流经节流口时，节流口下游压力的变化不会波及上游压力。一是在气缸排气侧附加气罐排气回收装置后，当气缸排气腔中的气体以声速排入回收气罐时，回收气罐内回收气体压力的变化（下游压力）不会对气缸排气腔压力（上游压力）产生影响，也即气缸排气回收装置对气缸动态特性的影响可忽略不计。当然，这种状态下的排气回收过程是我们所期望的，但实际声速段回收过程与理论分析结果是否吻合呢？声速段回收在实际应用中是否可行呢？如果气缸排气腔的压缩空气以亚声速排入回收气罐，存在对气缸活塞运动特性有何影响的问题。二是气缸排气侧附加微型涡轮发电装置后会对原有气缸动态特性产生哪些影响？等等。这都需要通过搭建实验平台来对排气回收控制系统的基本特性进行相关的实验研究。

为了获得附加排气回收装置后对气缸动态特性的影响规律，本章将分别构建气罐排气回收及微型涡轮发电节能两种回路的实验装置，并对排气回收控制系统的基本特性进行实验研究。

3.1　实验内容及方法

3.1.1　气罐式排气回收实验台搭建

为研究气罐式排气回收控制系统的基本特性，搭建了气罐式排气回收实验台。实验气动回路原理如图 3-1 所示、实验台元器件布局外形如图 3-2 所示。

该实验台由气动回路系统和测试系统两部分组成。构成一个完整气动系统的最基本也是最典型的装置：气缸、流量控制阀、换向阀、管件和加载装置等。本实验台是一初始有压差气动回路，其特点是活塞起动前气缸背压腔压力等于气源压力。该回路与常规气动系统不同的是，在气缸排气侧附加了排气回收装置（包括换向阀、回收气罐等）。为了尽量减少排气回收装置中附加管道系统对气缸动态特性的影响，所选取排气回收切换阀等控制元件的有效截面积应大于原排气管道系统阀类元件中的最小有效截面积。气缸惯性负载由一系列质量不等的金属质量块模拟，质量块固定在加载小车上。

测试系统包括传感器和数据采集设备等。位移传感器采用无锡河埒电站传感器厂 TD 系列位移传感器，它利用差动变压器原理，将直线移动的机械量转变为电量，从而进行位移的自动检测和控制。压力传感器用于测量气缸两腔以及回收气罐内的压力。

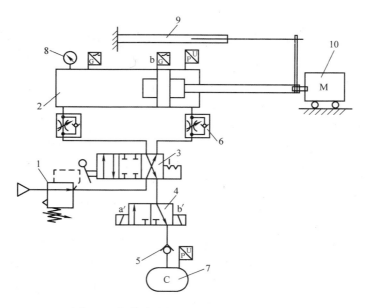

图 3-1　气罐式排气回收实验气动回路原理
1—减压阀　2—工作气缸　3—手动换向阀　4—二位三通双电控电磁换向阀　5—单向阀
6—单向节流阀　7—气罐　8—压力传感器　9—位移传感器　10—加载小车

图 3-2　气罐式排气回收实验台元器件布局外形

实验元器件及基本参数见表 3-1。

表 3-1　实验元器件及基本参数

序号（图 3-1）	名　称	基本参数
1	减压阀	调压范围为 0.05 ~ 0.7MPa
2	工作气缸	缸径为 50mm，行程为 200mm，橡胶缓冲
3	手动换向阀	有效截面积为 7.5mm²
4	二位三通双电控电磁换向阀	有效截面积为 9.18mm²
5	单向阀	有效截面积为 6.5mm²
6	单向节流阀	有效截面积为 0 ~ 10mm²
7	气罐	容积为 0.005m³
8	压力传感器	量程（0 ~ 0.6MPa）/1.0MPa，输出电压 0 ~ 5V
9	位移传感器	量程为 300mm，分辨率可达 0.1μm
10	加载小车	质量为 0.5kg、1kg、1.5kg 金属块若干

3.1.2　气罐式排气回收节能实验内容

1）通过与无排气回收装置的气压传动系统进行比较，分析附加排气回收控制装置前后对气缸动态特性的影响规律。

2）不同回收气罐初始压力下排气回收对系统动态特性的影响规律。

因气缸排气腔以声速或亚声速向气罐排气时，对气缸动态特性的影响规律不同，因此，在一定的气源压力、负载以及流量控制阀开口下，通过不断改变回收气罐内的压力进行排气回收实验，分别对气缸排气腔以声速以及亚声速向气罐排气时对气缸动态特性的影响规律进行分析。

3）当气缸排气腔压力接近回收气罐压力时对气缸运动特性的影响规律。

通过不断增加回收气罐内的压力可以得到，当气缸排气腔压力接近气罐压力时进行排气回收对气缸运动特性的影响规律。

3.1.3　微型排气回收涡轮发电系统实验台搭建

为研究微型排气回收涡轮发电系统的基本特性，搭建了微型排气回收涡轮发电系统实验台。实验回路如图 2-26 所示、实验台元器件布局外形如图 3-3 所示。表 3-2 为部分实验元器件的参数与型号。

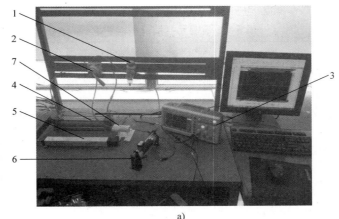

a)

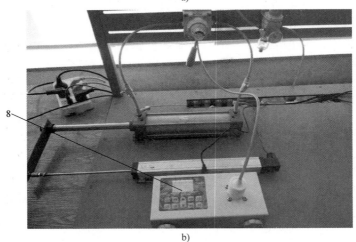

b)

图 3-3　实验台元器件布局外形

a）实验回路元器件布局外形　b）测量扭矩元器件布局外形

1—SMC 减压阀　2—手动换向阀　3—示波器　4—SMC 气缸　5—位移传感器

6—滑动变阻器　7—能量转换装置　8—转矩传感器

表 3-2　部分实验元器件的参数与型号

序号（图 3-3）	名称	参数与型号
1	SMC 减压阀	0～1MPa
2	手动换向阀	二位四通
4	SMC 气缸	MDBB50—200Z
5	位移传感器	KTC—250Lmm
6	滑动变阻器	200Ω
8	转矩传感器	±0.0001～10N·m

3.1.4　微型排气回收涡轮发电系统实验内容

1. 微型涡轮仿真模型验证实验

为验证 MATLAB、AMESim 仿真模型的可靠性，对文中建立的模型进行实验验证。

2. 微型涡轮发电系统起动特性分析

因微型排气回收高效节能涡轮发电系统的工作过程是间歇不连续的，且单次驱动时间较短，因此要求微型涡轮具有良好的起动特性，可在最短的时间内达到微型直流发电机的额定转速。因此，以响应时间作为微型涡轮发电装置起动性能的评价指标。（响应时间：在气缸排气过程中，微型直流发电机作为微型涡轮的负载，且回路中的负载电阻恒定不变的情况下，微型直流发电机输出电压达到最大值的90% 所需的时间。）

3. 微型涡轮节能系统发电特性研究

针对两种不同微型涡轮构成的发电系统性能进行了比较，并对微型涡轮发电系统进行了整体优化。

3.1.5　实验数据处理

气缸活塞的位移由位移传感器测量，通过微分的方法得到气缸活塞的速度和加速度，由于微分放大了位移－时间曲线中的干扰信号，导致速度－时间曲线中的干扰信号加剧。因此需要进行数据处理，为比较效果，先后采用滑动平均和数字滤波两种方法对速度－时间曲线进行平滑处理。

具体分析如下所述。

1. 滑动平均算法

滑动平均法的原理非常简单，以 $n = 3$ 点的信号为例，取第 1、2、3 三个数据作算术平均，将平均值作为中间点即第二个点的数据输出；再取第 2、3、4 三个数据作算术平均，再将所得结果作为第三个点的数据输出，依次类推。这种方法相当于是将一个宽度为 N 点的窗口，称为分析窗，逐点向前移动，每次都取窗口里的平均值作为中间点的输出值，其输入 $x(n)$ 与输出 $y(n)$ 的关系可以表示为[119 - 122]

$$y(n) = \frac{1}{N} \sum_{i=-k}^{k} x(n + i),(n = 0,1,2,\cdots,L) \tag{3-1}$$

式中，$N = 2k + 1$ 为分析窗口的宽度，即每次进行算术平均的点数（$k = 1$，2，3，$\cdots$）。

对式（3-1）从另一个角度考虑，实际上可以看作是一个非递归结构的 FIR 数字滤波器的数学模型——差分方程表达式。式中，现时刻的输出与未来时刻的输入有关，是一非因果序列，不能实现实时滤波处理，只能进行离线滤波处理。当需要应用于实时数字滤波时，分析窗内的平均值不能用作中间点的输出数据，只能作为最末点的输出值，这时输入 $x(n)$ 与输出 $y(n)$ 的关系应表示为

$$y(n) = \frac{1}{N} \sum_{i=0}^{N-1} x(n-i) \quad (n = 0,1,2,\cdots,L) \tag{3-2}$$

这种滤波器的系统函数为

$$H(z) = \frac{1}{N} \sum_{n=0}^{N-1} Z^n \tag{3-3}$$

移动平均法相当于一个低通滤波器，能够滤除高于信号最高频率的高频噪声，也能使信噪比提高$\sqrt{N}$倍，与累加平均法相比，所不同的是无需同步触发信号，被处理的信号不必是周期性信号，但不能滤除低频噪声。这些结论虽然是从具体示例得出的，但具有普遍性。

移动平均法的分析窗宽度通常选取 3、5、7、…等数值，显然，窗口越宽，滤波效果越明显。但若窗口取得过宽，可能会将信号本身滤除。

2. 数字滤波算法

众所周知，气缸活塞运动速度是通过对位移曲线作一次微分而得到的，但微分后放大了位移曲线中的干扰信号，导致速度曲线失真。首先对活塞速度曲线作频谱分析，由其频谱特性可知信号的频率约为 17Hz，所以，可以采用低通数字滤波器滤掉这些干扰信号。

数字滤波器（Digital Filter，简称为 DF）是数字信号处理的重要基础，在对信号的过滤、检测与参数估计等处理过程中，它是使用最为广泛的一种线性系统[119-122]。数字滤波器是指完成信号滤波处理功能的、用有限精度算法实现的离散时间线性非时变系统。其输入是一组（由模拟信号取样和量化的）数字量，其输出是经过数字变换的另一组数字量。它本身既可以是用数字硬件装配而成的一台用于完成给定运算的专用数字计算机，也可以是将所需的运算编成程序，计算用计算机来执行。数字滤波器具有稳定性高、精度高、灵活性大等突出优点。随着数字技术的发展，用数字技术实现滤波器的功能愈来愈受到人们的重视，并得到了广泛的应用。

数字滤波器的数学运算通常有两种实现方式。一种是频域法，即利用 FFT 快速运算方法对输入信号进行离散傅立叶变换，分析其频谱，然后根据所希望的频率特性进行滤波，再利用傅里叶反变换恢复出时域信号。这种方法具有较好的频域选择特性和灵活性，并且由于信号频率与所希望的频谱特性是简单的相乘关系，所以它比计算等价的时域卷积要快得多。另一种方法是时域法，这种方法是通过对离散抽样数据作差分数学运算来达到滤波的目的。

在给定滤波器性能指标的情况下，一般希望用最小阶次的滤波器来实现。因此，滤波器阶数的选择，在整个滤波器设计中占有极其重要的地位和作用。但幸运的是，MATLAB 信号处理工具箱为用户提供了一组可用于直接得到最优滤波器阶数的函数，极大程度地方便了用户。其调用方式为：

（1）$[n, wn]$ = buttord（wp，ws，rp，rs）　返回符合要求性能指标的数字滤波器的最小阶数 n 和巴特沃兹滤波器的截止频率 wn。参数 wp 和 ws 分别是通带和阻带的截止频率，参数 rp 和 rs 分别是通带的最大衰减量和阻带的最小衰减量。这里 wp 和 ws 都是归一化频率，即 $0 \leqslant wp$（或 ws）$\leqslant 1$，1 对应 π 弧度。

（2）$[n, wn]$ = buttord（wp，ws，rp，rs，'s'）　返回符合要求性能指标的模拟滤波器的最小阶数 n 和巴持沃斯滤波器的截止频率 wn。在这里，wp 和 ws 的单位是 rad/s。当 $rp = 3$dB，则有 $wn = wp$。

信号处理工具箱中使用的频率为奈奎斯特频率，根据香农（Shannon）定理，它为采样频率的一半。在滤波器设计中的截止频率均使用奈奎斯特频率进行归一化，归一化频率转换为角频率，则将归一化频率乘以 π。如果要将归一化频率转换为 Hz，则将归一化频率乘以采样频率的一半。

下面将调用 MATLAB 信号处理工具箱中 IIR 数字滤波器的 Butter 函数设计一低通巴特沃兹数字滤波器对微分后的速度曲线进行滤波。

1）滤波器系数函数为：

$$H(z) = \frac{B(z)}{A(z)} = \frac{b(1) + b(2)z^{-1} + \cdots + b(n+1)z^{-n}}{a(1) + a(2)z^{-1} + \cdots + a(n+1)z^{-n}} \tag{3-4}$$

2）滤波器的阶为：

$$N = \left\lceil \frac{\lg\left[(10^{R_p/10} - 1)/(10^{A_s/10} - 1)\right]}{2\lg(W_p/W_s)} \right\rceil \tag{3-5}$$

滤波器的截止频率 W_n 是滤波器幅度下降到 $1/\sqrt{2}$ 处的频率。

式中　R_p——通带波纹系数；

A_s——阻带波纹系数；

W_p——通带截止频率（Hz）；

W_s——阻带截止频率（Hz）。

数字滤波算法程序（Matlab 语言）如下：

$Wp = 17$；% 通带截止频率（由信号的频谱特性确定，取值稍大于信号频率）；

$Ws = 35$；% 阻带截止频率；

$Rp = 1$；% 通带波纹系数；

$As = 35$；% 阻带波纹系数；

$fs = 200$；% 采样频率；

$[N, Wn]$ = buttord（$Wp/(fs/2)$，$Ws/(fs/2)$，Rp，As）；

% 利用 buttord 函数求出滤波器的阶 N 和截止频率 Wn；

$[b, a]$ = butter（N，Wn）；

% 低通数字巴特沃兹滤波器设计函数，求出滤波器的系数 a 和 b；

y = filtfilt（b，a，x）；

% 使用以向量 b 作为分子，向量 a 作为分母的滤波器对向量 x 中的数据进行无相位失真滤波。

3. 处理效果及方法选定

从图 3-4 中可以看出，经五点滑动平均后速度数据比处理前曲线变得平滑但整体向前平移，存在一定的误差。而滤波后速度曲线平滑且没有失真，这说明采用所设计的低通数字巴特沃兹滤波器处理速度曲线是有效的，因此，本书中实验数据的平滑处理方法均采用数字滤波算法。

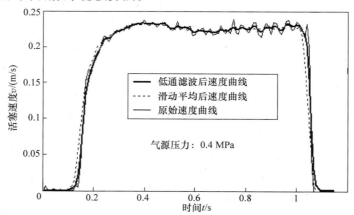

图 3-4　滑动平均及滤波前后气缸活塞速度 – 时间曲线

3.2　气罐式排气回收时对气缸动态特性的影响

实验回路原理如图 3-1 所示。在表 3-1 所述实验基本参数下，对排气回收系统的基本特性进行了实验研究。

实验中，设定气源压力为 0.5MPa，负载质量为 5kg，气缸活塞的速度约为 200mm/s。

3.2.1　对气缸两腔压力的影响

1. 排气腔以声速向气罐排气时对气缸两腔压力的影响

无排气回收装置及附加排气回收装置后，气缸排气腔以声速向气罐排气时对气缸两腔室压力的影响曲线见图 3-5、图 3-6。（因气缸排气腔稳定压力约为 0.30MPa，设临界压力比为 0.528，则声速段排气回收时回收气罐内回收压缩空气压力最高约为（0.4×0.528 – 0.1）MPa = 0.11MPa，所以设回收气罐内的初始压力分别为 0.05MPa、0.10MPa）。

从图 3-5、图 3-6 中可以看出，在气缸活塞的运动过程中，当回收气罐内的初始压力低于 0.10MPa 排气回收时，气缸排气腔的稳定压力约为 0.3MPa 左右，气罐

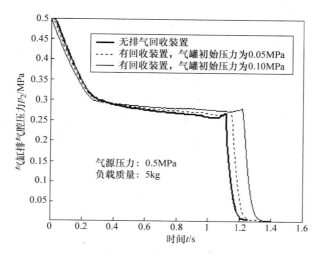

图 3-5　附加排气回收装置前后对气缸排气腔压力的影响

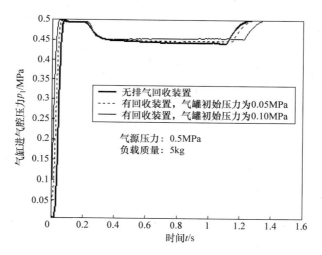

图 3-6　附加排气回收装置前后对气缸进气腔压力的影响

内与排气腔的压力比 $\sigma = p_c/p_2 = 0.2/0.40 = 0.5 < 0.528$，此时，气缸排气腔的压缩空气以声速排入回收气罐，气罐内气体压力变化不会对气缸排气腔、进气腔压力产生影响。因此，附加排气回收装置后，声速段排气回收时，回收气罐压力的变化对气缸动态特性影响较小。

　　从图 3-5 还可以看出，气缸排气腔的稳定压力约为 0.3MPa，如果在声速段排气回收时，气罐内能够回收气体的最高压力仅为 0.11MPa 左右（设临界压力比 α 为 0.528），则 $p_c = (0.528 \times 0.4 - 0.1)$ MPa = 0.11MPa，因此，尽管排气回收装置对气缸动态特性影响很小，但回收能量较少，回收效果较差，因此，排气回收时段应扩大到亚声速段。

2. 排气腔以亚声速向气罐排气时对气缸两腔压力的影响

无排气回收装置及附加排气回收装置后，气缸排气腔以亚声速排入气罐时对气缸两腔室压力的影响曲线见图3-7、图3-8。因气罐内压力大于0.11MPa排气回收时，排气回收过程为亚声速段回收，所以，为了分析亚声速段排气回收时对气缸动态特性的影响规律，设回收气罐的初始压力分别为0.20MPa、0.25MPa、0.30MPa。

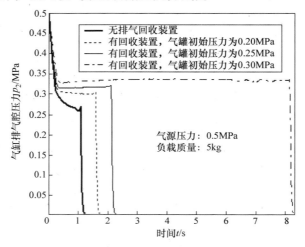

图3-7   附加排气回收装置前后对气缸排气腔压力的影响

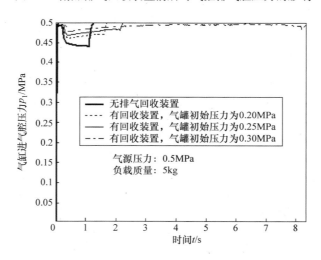

图3-8   附加排气回收装置前后对气缸进气腔压力的影响

从图3-7、图3-8中可以看出，在气缸活塞的运动过程中，当回收气罐内的初始压力高于0.20MPa排气回收时，气缸排气腔的稳定压力约为0.32MPa左右，气罐内与排气腔的压力比 $\sigma = p_c/p_2 = 0.3/0.42 = 0.714 > 0.528$，此时，气缸排气腔内的压缩空气是以亚音速排入气罐的，因此，由实验曲线可见，随着回收气罐内回收气体的增加，回收气罐内的压力逐渐升高，导致气缸排气腔排气不畅，气缸排气腔压力也相应升高，而且为了克服力负载，气缸进气腔的压力也相应升高。

从图 3-7 还可以看出，尽管亚声速段排气回收时，排气回收装置对气缸动态特性产生了影响，但回收气罐内回收气体压力可达 0.3MPa 以上，节能效果较好，可作为中压空气源再利用。

3.2.2　对气缸活塞运动特性的影响

1. 排气腔以声速向气罐排气时对气缸活塞运动特性的影响

无排气回收装置及附加排气回收装置后，气缸排气腔以声速向气罐排气时（设回收气罐内的初始压力分别为 0.05MPa、0.10MPa）对气缸活塞位移及速度的影响曲线如图 3-9、图 3-10 所示。

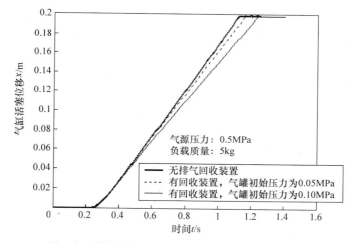

图 3-9　附加排气回收装置前后对活塞位移的影响

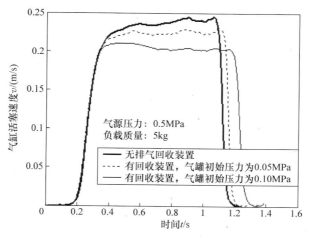

图 3-10　附加排气回收装置前后对活塞速度的影响

　　从图 3-9、图 3-10 中可以看出，附加排气回收装置前后，因气缸排气腔的压缩空气以声速排入气罐，回收气罐内压力的波动对气缸排气腔压力的变化影响较小，也即对气缸活塞的速度影响较小，但附加排气回收装置后，会附加管道以及切换控制阀等阀类元件，使得气缸排气管道系统合成有效截面积有所减小，进而使气缸活塞的速度略为降低，同时，气缸动作时间也有所延长。

2. 排气腔以亚声速向气罐排气时对气缸活塞运动特性的影响

　　无排气回收装置及附加排气回收装置后亚声速段排气回收时（设回收气罐初始压力分别为 0.20MPa、0.25MPa、0.30MPa）对气缸活塞运动特性的影响如图 3-11、图 3-12 所示。

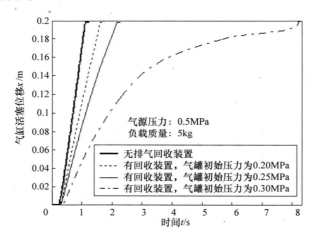

图 3-11　附加排气回收装置前后对气缸活塞位移的影响

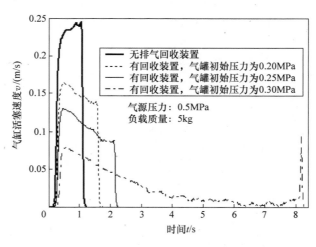

图 3-12　附加排气回收装置前后对气缸活塞速度的影响

　　从图 3-11、图 3-12 中可以看出，附加排气回收装置后，由于气缸排气腔压缩空气以亚声速排入气罐，随着气罐内回收气体的增多，回收气罐内的压力逐渐升高，相当于在原排气节流回路的基础上再一次节流，会导致气缸排气腔排气不畅，单位时间内气缸排气腔流出气体的质量减少，气缸的背压升高，因此，回收气罐内的压力越高，其所产生的节流作用越大，气缸活塞的运行速度越低，气缸活塞的动作时间也相应延长。

　　图 3-13、图 3-14 为回收气罐内气体压力接近气缸排气腔压力排气回收时对气缸腔室压力及气缸活塞运动特性的影响。

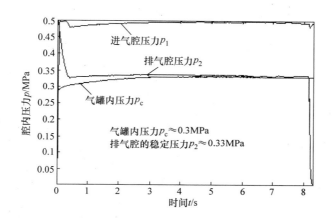

图 3-13　气罐内压力接近排气腔压力排气回收时对气缸两腔压力的影响

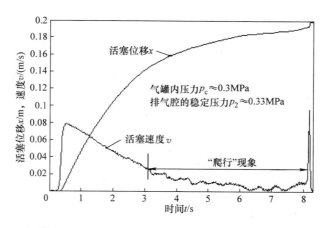

图 3-14　气罐内压力接近排气腔压力排气回收时对活塞运动特性的影响

　　在一定负载下，回收气罐内的初始压力为 0.3MPa、气缸排气腔的稳定压力约为 0.33MPa 时，进行排气回收实验，由图 3-13 及图 3-14 可见，在气缸活塞运动过程中，随着气缸排气腔的压缩空气不断排入气罐，气罐内的压力有所升高，气缸进气腔压力已接近气源压力 p_s，排气腔压力也已达到能够克服力负载所需要的最大压力，此时，排气回收换向阀如不切换使气缸排气腔气体排向大气，气缸活塞的运行速度会低于 50mm/s，且速度波动较大，气缸活塞的动作时间显著延长，如图 3-14 所示，活塞出现了"爬行"现象，影响了气缸的工作特性。

由以上分析可知，为了减小排气回收装置对气缸活塞运动特性的不利影响，在气缸排气腔压力达到回收气罐内的压力之前就应使气缸排气腔由回收状态切换到排向大气状态，故对于气缸不同的使用要求，有必要在排气回收装置中控制好相应的排气回收切换点，以避免排气回收过程中气缸活塞停止或出现"爬行"现象。

3.3 气罐式排气回收切换控制压差的理论分析

由排气回收系统基本特性实验研究可知，气缸完成一个工作行程后，在换向阀再次切换之前，工作腔已充至接近于气源压力，排气腔放至大气压力，反向运动时，原来的工作腔变成排气腔，其中的有压空气通过附加排气回收装置回收起来，可以实现节能。但在气缸排气回收过程中，随着回收气体的增加，回收气罐内的压力越来越高，气缸排气腔尽管在排气，但气缸排气腔流经排气管道的质量流量在减少，气缸排气腔与回收气罐间的压差也越来越小，因此，气缸排气腔压力有所上升；同时，为了克服力负载，气缸进气腔的压力必然也随之上升，最高接近气源压力。随着排气腔与气罐间的压差越来越小，气缸活塞的运行速度也会逐渐降低，当气缸活塞速度小于 50mm/s 时，由于气体摩擦阻力的影响增大，加上气体的可压缩性，气缸活塞可能会出现时走时停的"爬行"现象；且当气缸进气腔与排气腔的压差所产生的输出力不足以克服系统外加力负载时，气缸活塞还会停止，也就是说，在气缸排气侧附加排气回收装置后会对气缸活塞的运动特性产生不利影响。因此，为了实现既对气缸排气腔压缩空气尽可能多地回收，又尽量降低排气回收后对气缸运动特性所产生的不利影响，必须控制好排气回收过程控制阀的启停和切换，这就需要给出易于测量和控制的判据，同时，所附加的排气回收控制装置还必须简单、经济、操作方便。

本节根据排气回收系统的数学模型以及气体热力学基本定律对气缸排气回收控制过程进行深入的理论分析，并对气缸排气回收控制压差进行理论推导和相关实验研究，进而提出排气回收切换控制判据和切换控制策略。

根据第二章仿真分析及第三章排气回收系统基本特性的实验研究可知，附加排气回收装置后，若不考虑回收切换阀等附加管道系统对气缸动态特性的影响，那么，回收装置中回收气罐内的压力变化是影响气缸动态特性的主要因素，具体讲，在气缸排气回收过程中，如果气罐内的压力与气缸排气腔压力的比小于 0.528 时

（即 $p_c/p_2 \leqslant 0.528$），气缸排气腔的压缩空气以声速排入气罐。由实验结果及气动流体力学的基本理论可知，在这种情况下，气罐内气体压力的变化不会波及到上游（气缸排气腔）压力，也即对气缸活塞的动态特性影响较小，但声速段回收过程较短，回收能量相对较少，回收效果不明显，因此，有必要利用此后的亚声速段进行回收直到切换点，但亚声速段回收时，会对气缸活塞的运动特性产生不利影响。

因此，为了从理论上验证上述结论，并给出相关的理论依据，以及寻求气缸排气回收过程中的切换点，有必要分析气缸排气回收过程中，气缸排气腔与回收气罐间不同压差下排气回收时对气缸运动特性的影响规律，进而推导出气缸排气回收切换控制压差的理论表达式[123]。

如不加说明，文中符号 Δp 均为气缸排气回收过程中，气缸排气腔与回收气罐间的压差。

3.3.1 数学模型的简化

为便于描述，如图 3-15 所示用编号标注腔室，腔 1 为工作腔（进气腔），下标 1 表示腔 1 的参数；腔 2 为排气腔，下标 2 表示腔 2 的参数；腔 c 为回收气罐腔室，下标 c 表示气罐腔室 c 内的参数。

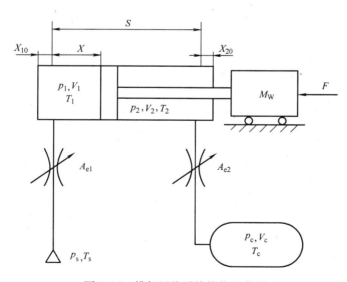

图 3-15　排气回收系统简化示意图

由于气缸排气回收过程进行较快，腔室内气体来不及与外界进行热交换，这样的回收过程可近似视为绝热过程。

因此，式（2-55）～式（2-63）所示排气回收控制系统的数学模型可作如下简化：

$$\frac{\mathrm{d}p_1}{\mathrm{d}t} = \frac{\kappa R T_s q_{m1}}{A_1(x_{10} + x)} - \frac{\kappa p_1}{(x_{10} + x)}\frac{\mathrm{d}x}{\mathrm{d}t} \qquad (3-6)$$

$$\frac{\mathrm{d}p_2}{\mathrm{d}t} = -\frac{\kappa R T_2 q_{m2}}{A_2(x_{20} + S - x)} + \frac{\kappa p_2}{(x_{20} + S - x)}\frac{\mathrm{d}x}{\mathrm{d}t} \qquad (3-7)$$

$$\frac{\mathrm{d}p_c}{\mathrm{d}t} = \frac{\kappa R T_2 q_{m2}}{V_c} \qquad (3-8)$$

$$M_w \frac{\mathrm{d}v}{\mathrm{d}t} = p_1 A_1 - p_2 A_2 - F \qquad (3-9)$$

$$T_2 = T_s \left(\frac{p_2}{P_s}\right)^{\frac{\kappa-1}{\kappa}} \qquad (3-10)$$

由文献［52］可知，质量流量公式可作如下简化：

$$q_m = \frac{A_e p_u}{\sqrt{RT_u}} \psi(\sigma) \qquad (3-11)$$

$$\psi(\sigma) = \begin{cases} \sqrt{2\sigma(1-\sigma)} & 0.528 < \sigma = \dfrac{p_d}{p_u} \leq 1 \\ \dfrac{\sqrt{2}}{2} & \sigma = \dfrac{p_d}{p_u} \leq 0.528 \end{cases} \qquad (3-12)$$

式中　　p_u、p_d——上游、下游压力（MPa）；

　　　　T_u——管系的上游温度（K）；

　　　　σ——压力比；

　　　　A_e——进或排气管道系统总有效面积（m^2）。

3.3.2　回收系统中影响气缸动态特性的因素分析

由第3章的研究结果可知，气缸排气腔有压空气以声速或亚声速向气罐排气时，对气缸动态特性的影响规律不同，尽管声速段排气回收对气缸动态特性的影响较小，但回收能量较少，所以，回收时段应扩大到亚声速段。

为了从理论上深入分析在气缸排气侧附加排气回收装置后对气缸运动特性的影响规律，分别对声速段及亚声速段排气回收时影响气缸活塞运动特性的因素进行了分析。

1. 声速段排气回收时对气缸运动特性的影响因素分析

由于排气回收控制系统的数学模型是一组非常复杂的非线性微分方程组，只有在特殊情况下，如气缸活塞做稳定运动或接近稳定运动时，才可以得到方程解析解，一般情况下，仅能得到方程数值解。因此，为了近似分析气缸排气腔压缩空气以声速排入气罐时对气缸动态特性的影响因素，假定气缸活塞做稳定运动。

由式（3-11）可知，若气缸排气腔的压缩空气以声速排入气罐，质量流量函数 $\psi(\sigma)$ 取声速段部分。

如图 3-15 及式（3-11）所示，流经排气管道的质量流量为：

$$q_{m2} = \frac{\sqrt{2}}{2} \frac{A_{e2} p_2}{\sqrt{RT_s}} \tag{3-13}$$

式中，A_{e2} 为排气管道合成有效截面积。

又因气缸活塞运动过程中，从气缸排气腔流出气体的质量流量为：

$$q'_{m2} = \rho A_2 \frac{\mathrm{d}x}{\mathrm{d}t} = \rho A_2 v \tag{3-14}$$

式中 ρ ——排气腔内气体密度（kg/m^3）；

$\quad x$ ——气缸活塞位移（m）；

$\quad A_2$ ——气缸排气侧活塞面积（m^2）；

$\quad v$ ——气缸活塞速度（m/s）。

由理想气体状态方程可知，

$$\rho = \frac{p}{RT} \tag{3-15}$$

将式（3-15）代入式（3-14），整理可得：

$$q'_{m2} = \frac{p_2}{RT_s} A_2 v \tag{3-16}$$

由连续性方程可知，流经排气管道的质量流量应与气缸排气腔流出气体的质量流量相等，即：

$$q_{m2} = q'_{m2} \tag{3-17}$$

由式（3-13）及式（3-16）可知，

$$\frac{p_2}{RT_s} A_2 v = \frac{\sqrt{2} A_{e2} p_2}{2 \sqrt{RT_s}} \tag{3-18}$$

对上式整理可得：

$$v = \frac{\sqrt{2}}{2} \frac{A_{e2} \sqrt{RT_s}}{A_2} \tag{3-19}$$

由式（3-19）可见，当气缸排气腔有压空气以声速向气罐排气时，气缸活塞运行速度仅与气缸排气管道有效截面积 A_{e2} 及气缸排气侧活塞面积 A_2 等有关，而一旦系统选定，这两个参数 A_{e2} 及 A_2 即确定不变，但为了尽量减少回收装置对气缸动态特性的影响，排气回收装置中管道及阀类元件等的有效截面积 A'_{e2} 应大于无排气回收装置时排气管道的合成有效截面积 A_{e2}，如图 3-16 所示。也就是说，声速段排气回收时，气缸排气腔与回收气罐间的压差 Δp 不会对气缸活塞的运行速度 v 产生影响，这也与气体做声速流动时的基本规律相吻合，因此，上述结论也可推广到气缸活塞做任意运动规律时的声速段排气回收过程。

又由于声速段排气回收时，设临界压力比 a 为 0.528，则由气动系统中气体流动规律可知

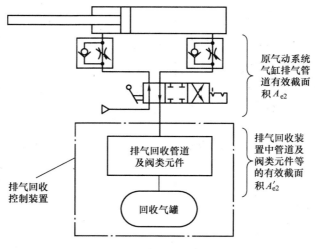

图 3-16 排气回收系统简图

$$\sigma = \frac{p_c}{p_2} = 0.528 \tag{3-20}$$

式中 p_c——回收气罐内回收气体的绝对压力（MPa）；

p_2——气缸排气腔绝对压力（MPa）。

对式（3-20）整理可得，回收气罐内能够回收气体的最高压力 p_{cmax} 约为：

$$p_{cmax} \approx 0.528 p_2 \tag{3-21}$$

因此，尽管声速段回收时，回收气罐内压力的变化对气缸动态特性的影响很小，但如图 3-5 所示，气源压力为 0.5MPa，负载质量为 5kg 排气回收时，气缸排气腔气体稳定压力约为 0.28MPa，由式（3-21）可知，回收气罐内能够回收气体的最高压力约为：

$$p_{cmax} = [0.528 \times (0.28 + 0.1) - 0.1] \text{MPa} \approx 0.10 \text{MPa}$$

因此可见，回收结束后，尽管回收装置对气缸活塞速度特性的影响较小，但气罐内回收的压缩空气较少，气罐压力较低，回收效果不明显，所以，气缸排气回收时段应扩大到亚声速段。

2. 亚声速段排气回收时对气缸运动特性的影响因素分析

当气缸排气腔的压缩空气以亚声速排入回收气罐时，排气回收装置对气缸的运动特性产生了影响。随着回收气罐压力的升高，气缸活塞的运行速度会逐渐降低，气缸动作时间逐渐延长。此外，当气缸排气腔压力接近回收气罐内的压力时，气缸活塞运行速度会低于 50mm/s，此时，气缸活塞会停止或发生"爬行"现象，对气缸的运动特性造成了不利影响，当然，我们并不希望出现这种现象。

因此，需要从理论上深入分析亚声速段排气回收时，影响气缸动态特性的主要因素，建立气缸排气腔与回收气罐间的压差与气缸活塞运动特性之间的关系表达式。

下面将根据式（3-6）~式（3-11）所示的排气回收系统简化数学模型以及气体流动的基本规律来推导亚声速段排气回收时压差 Δp 与气缸活塞运动速度 v 等参数的关系式。

3. 排气腔压缩空气以亚声速向气罐排气时气缸两腔压力的求解

由实验研究可知，气缸排气回收过程中，当气缸排气腔压力接近回收气罐内的压力时，由于气罐压力较高，气缸排气腔的压缩空气缓慢排入气罐，此时，气缸活塞的运动规律接近于稳定运动，气缸两腔的压力均保持稳定压力，即

$$\frac{\mathrm{d}p_1}{\mathrm{d}t} = 0 \quad \frac{\mathrm{d}p_2}{\mathrm{d}t} = 0 \quad \frac{\mathrm{d}v}{\mathrm{d}t} = 0 \tag{3-22}$$

又因亚声速段排气回收时，气体状态变化过程较慢，气缸两腔的温度变化可忽略不计。如式（3-11）所示，流量函数 $\psi(\sigma)$ 取亚声速段部分进行分析。

如图 3-15 所示，流经进气管道等效节流口的质量流量为：

$$q_{m1} = \frac{\sqrt{2}A_{e1}p_s}{\sqrt{RT_s}}\sqrt{\sigma(1-\sigma)} \tag{3-23}$$

式中，σ 为临界压力比，$\sigma = \dfrac{p_1}{p_s}$。 $\tag{3-24}$

代入式（3-23）可得：

$$q_{m1} = \frac{\sqrt{2}A_{e1}p_s}{\sqrt{RT_s}}\sqrt{\frac{p_1}{p_s} - \left(\frac{p_1}{p_s}\right)^2} \tag{3-25}$$

又因气缸活塞在运动过程中，从气源流入进气腔气体的质量流量为：

$$q'_{m1} = \rho A_1 \frac{\mathrm{d}x}{\mathrm{d}t} = \rho A_1 v \tag{3-26}$$

式中　A_1 ——气缸进气侧活塞有效作用面积（m^2）。

将式（3-15）代入式（3-26），整理可得：

$$q'_{m1} = \frac{p_1}{RT_s}A_1 v \tag{3-27}$$

由连续性方程及气缸活塞作稳定运动的规律可知，流经进气管道的质量流量应与气缸进气腔内气体质量流量变化量相等，即：

$$q_{m1} = q'_{m1} \tag{3-28}$$

由式（3-25）及式（3-27）可知：

$$\frac{p_1}{RT_s}A_1 v = \frac{\sqrt{2}A_{e1}p_s}{\sqrt{RT_s}}\sqrt{\frac{p_1}{p_s} - \left(\frac{p_1}{p_s}\right)^2}$$

对上式整理，可得气缸进气腔压力 p_1 约为：

$$p_1 \approx \frac{p_s}{1 + \dfrac{A_1^2 v^2}{2RT_s A_{e1}^2}} \tag{3-29}$$

由式（3-9）、式（3-22）及式（3-29）可知，气缸排气腔内压力接近气罐内压力时，气缸排气腔内的压力 p_2 约为：

$$p_2 \approx \frac{p_1 A_1 - F}{A_2} \tag{3-30}$$

4. 排气腔与气罐间的压差 Δp 与活塞速度 v 之间关系式的求解

同理，流经排气管道等效节流口截面积 A_{e2} 的质量流量为：

$$q_{m2} = \frac{\sqrt{2} A_{e2} p_2}{\sqrt{RT_s}} \sqrt{\sigma(1 - \sigma)} \tag{3-31}$$

设排气腔与气罐间的压差

$$\Delta p = p_2 - p_c \tag{3-32}$$

则气罐与排气腔的压力比 σ 为：

$$\sigma = \frac{p_c}{p_2} = \frac{(p_c - p_2) + p_2}{p_2} = 1 - \frac{\Delta p}{p_2} \tag{3-33}$$

代入式（3-31）可得：

$$q_{m2} = \frac{\sqrt{2} A_{e2} p_2}{\sqrt{RT_s}} \sqrt{\frac{\Delta p}{p_2} - \frac{\Delta p^2}{p_2^2}} \tag{3-34}$$

又因气缸活塞在运动过程中，气缸排气腔流出气体的质量流量为：

$$q'_{m2} = \frac{p_2}{RT_s} A_2 v \tag{3-35}$$

由连续性方程可知：

$$q_{m2} = q'_{m2} \tag{3-36}$$

由式（3-34）及式（3-35）可知：

$$\frac{p_2}{RT_s} A_2 v = \frac{\sqrt{2} A_{e2} 2 p_2}{\sqrt{RT_s}} \sqrt{\frac{\Delta p}{p_2} - \frac{\Delta p^2}{p_2^2}}$$

对上式整理可得：

$$\Delta p^2 - p_2 \Delta p + \frac{1}{2RT_s} \left(\frac{A_2 p_2 v}{A_{e2}} \right)^2 = 0 \tag{3-37}$$

对上式求解，可得亚声速段排气回收过程中，气缸活塞运动速度 v 与气缸排气腔与回收气罐间的压差 Δp 的关系式：

$$v = \frac{A_{e2}}{A_2 p_2} \sqrt{2RT_s \Delta p (p_2 - \Delta p)} \tag{3-38}$$

式中，气缸排气腔的压力 p_2 可由式（3-30）近似求得。

由式（3-38）可见，亚声速段排气回收时，影响气缸活塞运动速度的因素主要与排气管道有效截面积 A_{e2}、力负载 F、气缸排气腔的压力 p_2 以及气缸排气腔与回收气罐间的压差 Δp 等参数有关。而一旦气缸及阀类控制元件等选定后，排气腔与气罐间的压差 Δp 的变化是影响气缸活塞运动特性的主要因素。

3.3.3　排气回收切换控制压差的推导

活塞往复运动过程中，气缸排气腔的压缩空气不断排入气罐，回收气罐内压力逐渐升高，当气缸排气腔压力 p_2 接近或达到回收气罐内压力 p_c 排气回收时，尽管气缸排气腔内仍还有部分压缩空气，但如不切换使气缸排气腔的气体排向大气，当气缸活塞速度低于 50mm/s 时，气缸活塞可能会停止或发生“爬行”现象，因此，有必要在气缸排气腔压力达到回收气罐内压力之前切换回收换向阀，使气缸排气腔由回收状态切换到排向大气状态，尽量避免对气缸活塞速度造成不良影响，也就是说，在气缸排气回收过程中，当气缸活塞的运行速度接近 50mm/s 时，回收换向阀就应切换，使气缸排气腔的压缩空气排向大气，此时，设气缸排气腔与回收气罐间的压差 Δp_{cr} 作为排气回收临界切换控制压差。

设气缸排气腔压力 p_2 与回收气罐内压力 p_c 之差达到 Δp_{cr} 时，回收换向阀就应切换使气缸排气腔压缩空气排向大气，此时，气缸活塞接近于稳定运动，且气缸驱动腔压力 p_1 接近气源压力 p_s（即假定 $p_1 \approx p_s$），则由式（3-30）可知，排气腔气体在气缸足以克服力负载的前提下所能达到的最高压力约为：

$$p_{2max} \approx \frac{p_s A_1 - F}{A_2} \tag{3-39}$$

式中　A_1、A_2——气缸进气侧、排气侧活塞有效面积（m^2）；

　　　　F——力负载（N）。

令气缸活塞的速度为 0.05m/s，将式（3-39）代入式（3-38），可得排气回收临界切换控制压差 Δp_{cr}：

$$\Delta p_{cr} = \frac{p_{2max} - p_{2max}\sqrt{1 - 0.0025\dfrac{2}{RT_s}\left(\dfrac{A_2}{A_{e2}}\right)^2}}{2} \tag{3-40}$$

令 $\xi = 2A_2^2/RT_s$，代入式（3-40）整理可得气缸排气回收临界切换控制压差 Δp_{cr}：

$$\Delta p_{cr} = \frac{p_s A_1 - F}{2A_2}\left(1 - \sqrt{1 - \frac{0.005\xi}{A_{e2}^2}}\right) \tag{3-41}$$

式中　A_{e2}——气缸排气管道系统的合成有效截面积（m^2）。

式（3-41）中 Δp_{cr} 即为气缸排气回收临界切换控制压差，即在系统排气回收过程中，当气缸排气腔与气罐间压差达到气缸排气回收临界切换控制压差 Δp_{cr} 时，气缸排气腔由回收状态切换到排向大气状态。

由式（3-41）可知，一旦根据需要选定工作气缸后，气缸排气回收临界切换控制压差与气源压力 p_s、力负载 F 及排气管道合成有效截面积 A_{e2} 等参数有关。由式（3-41）可以得出如下结论。

1）气源压力 p_s、力负载 F 一定，排气管道有效截面积 A_{e2} 减小（增大），则切换压差 Δp_{cr} 增大（减小）。

2）气源压力 p_s、排气管道有效截面积 A_{e2} 一定，力负载 F 减小（增大），则切换压差 Δp_{cr} 增大（减小）。

3）力负载 F、排气管道有效截面积 A_{e2} 一定，气源压力 p_s 减小（增大），则切换压差 Δp_{cr} 减小（增大）。

由上述结论可知，A_{e2}、F 与 Δp_{cr} 成反比，即

$$A_{e2} \downarrow \Rightarrow \Delta p_{cr} \uparrow, \ F \downarrow \Rightarrow \Delta p_{cr} \uparrow$$

因此，为了使气缸排气回收临界切换控制压差更加可靠、通用，即能够尽可能地满足排气回收系统中工作条件的变化，应使 A_{e2} 及 F 尽量取较小值，这样的话，即使排气管道有效截面积 A_{e2} 或力负载 F 增大的情况下，所求得的排气回收临界切换控制压差也同样能够满足要求。

为了根据式（3-41）求得气缸排气回收控制临界切换控制压差的取值，首先根据第二章所建立的排气回收系统仿真模型的模拟，通过调整排气管道系统有效截面积 A_{e2} 使气缸活塞速度在 $50 \sim 100$ mm/s 之间，这样得到的 A_{e2} 能够尽量取较小值，而且假定对空载返回行程时气缸排气腔的压缩空气进行回收，这样力负载 F 仅为气缸活塞与腔壁之间的摩擦阻力 F_f。然后，通过不断改变气源压力 p_s 的取值（工业应用场合，气缸常用源压力约为 $0.2 \sim 0.5$ MPa，因此，气源压力 p_s 分别取值 0.2 MPa、0.3 MPa、0.4 MPa 及 0.5 MPa），分别将得到的 A_{e2}、F 以及 p_s 等参数代入式（3-41），即可计算出气缸排气回收临界切换控制压差 Δp_{cr} 的具体数值。

图 3-17 为不同气源压力下空载返回行程排气回收时，根据式（3-41）得到的

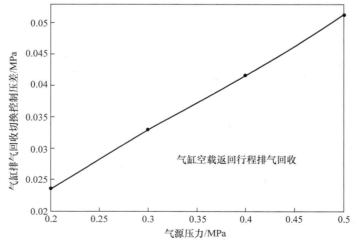

图 3-17　不同气源压力下，气缸排气回收临界切换控制压差的取值曲线

气缸排气回收临界切换控制压差的取值曲线。由图 3-17 可知，当气源压力为 0.2 ~ 0.5MPa 时，排气回收临界切换控制压差的取值范围约为 0.02 ~ 0.05MPa。

3.4　气罐式排气回收切换控制压差的实验

为了验证式（3-41）排气回收临界切换控制压差的可行性，需要通过实验来研究在不同回收条件下，当气缸活塞速度接近 50mm/s 时，排气回收实际切换控制压差 Δp_{sw} 与临界切换控制压差取值的对比分析。

3.4.1　实验内容及方法

由式（3-41）排气回收临界切换控制压差的理论表达式可知，临界控制压差 Δp_{cr} 与气源压力 p_s、力负载 F、排气管道有效截面积 A_{e2} 等参数有关，且 A_{e2} 和 F 与 Δp_{cr} 成反比，即 A_{e2}、F 的取值越小，临界切换控制压差 Δp_{cr} 越大。

因此，为了验证式（3-41）的可行性，且使得到的排气回收控制压差更加可靠、适用，在实验研究中，气源压力一定情况下，首先要满足以下两个条件。

1）通过调节排气管道有效截面积 A_{e2}，使气缸活塞的运行速度在 50 ~ 100mm/s 之间，这样，使所选取的排气管道有效截面积 A_{e2} 尽可能小。

2）力负载 F 取较小值（即空载返回行程排气回收）。

这样的话，所选取的排气回收实际切换控制压差 Δp_{sw} 取偏大值，即使当 A_{e2} 或 F 等实验条件变化时，也不会对气缸活塞的运动特性产生不利影响。

因此，本节针对空载返回行程排气回收时，气源压力分别为 0.2MPa、0.3MPa、0.4MPa、0.5MPa，通过不断增加气罐初始压力分别进行排气回收实验，可得到当气缸活塞速度接近 50mm/s 时，排气回收实际切换控制压差的取值。

3.4.2　实验结果及分析

气罐式排气回收控制实验回路原理如图 3-1 所示，实验的基本参数如表 3-1 所示，气缸缸径 50mm、行程 200mm，气源压力分别为 0.2MPa、0.3MPa、0.4MPa 及 0.5MPa，排气管道有效截面积约为 $1.5 \times 10^{-6} m^2$，气缸活塞运行速度约为 100mm/s 空载返回行程排气回收。

实验曲线中，设气缸活塞速度接近 50mm/s 时，气缸排气腔与回收气罐间的压差为排气回收实际切换控制压差 Δp_{sw}。

图 3-18 ~ 图 3-21 所示为不同气源压力下排气回收时，当气缸活塞的速度接近 50mm/s 时，排气回收实际切换控制压差的取值曲线。

由图 3-18 中可见，气源压力为 0.2MPa，当排气腔与回收气罐间的压差接近 0.02MPa 时，活塞速度已接近 50mm/s，此时，换向阀如不切换，使气缸排气腔压缩空气由"回收状态"切换到"排向大气状态"，气缸活塞速度会低于 50mm/s。

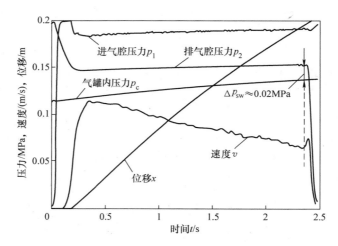

图 3-18　气源压力为 0.2MPa 时排气回收实际切换控制压差的取值曲线

由于标准气缸的运行速度为 50～500mm/s，当活塞速度低于 50mm/s 时，气缸可能会发生"爬行"现象，而且，当气缸进气腔与排气腔压力所产生的输出力不足以克服力负载时，气缸还可能停止。因此，当气源压力为 0.2MPa 时，排气回收实际切换控制压差 Δp_{sw} 的值应为 0.02MPa。

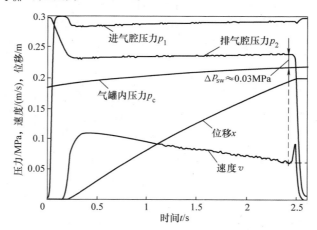

图 3-19　气源压力为 0.3MPa 时排气回收实际切换控制压差的取值曲线

由图 3-19 可见，气源压力为 0.3MPa，当气缸排气腔与回收气罐间压差接近 0.03MPa 时，气缸活塞的速度已接近 50mm/s，此时，换向阀应切换使气缸排气腔的气体由"回收状态"切换到"排向大气状态"。因此，气源压力为 0.3MPa 排气回收时，排气回收实际切换控制压差 Δp_{sw} 的值应为 0.03MPa。

由图 3-20 可见，气源压力为 0.4MPa，当气缸排气腔与回收气罐间的压差接近

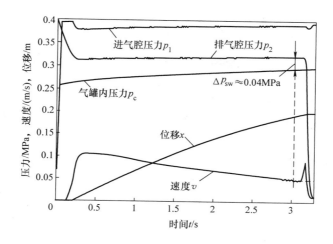

图 3-20 气源压力为 0.4MPa 时排气回收实际切换控制压差的取值曲线

0.04MPa 时，气缸活塞的速度已接近 50mm/s。因此，气缸使用压力为 0.4MPa 时，排气回收实际切换控制压差 Δp_{sw} 的值应为 0.04MPa。

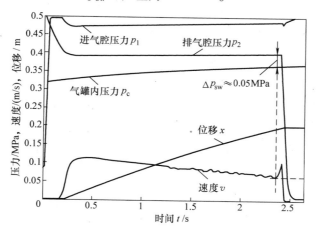

图 3-21 气源压力为 0.5MPa 时排气回收实际切换控制压差的取值曲线

由图 3-21 可见，气源压力为 0.5MPa，空载返回行程排气回收时，当气缸排气腔与回收气罐间的压差接近 0.05MPa 时，气缸活塞的速度已接近 50mm/s，此时，换向阀切换使气缸排气腔的气体由"回收状态"切换到"排向大气状态"。因此，气源压力为 0.5MPa 排气回收时，排气回收实际切换控制压差 Δp_{sw} 的值应为 0.05MPa。

以上分析表明，气源压力越低，则气缸排气腔压力越低，排气腔气体密度越小，即排气腔气体可压缩性越强，在对气缸运动特性影响较小的前提下，越容易将排气腔的气体排入回收气罐中，因此，随着气源压力的降低，排气回收实际切换控制压差也有所降低。

由图 3-18～图 3-21 可见，气源压力 p_s 分别为 0.2MPa、0.3MPa、0.4MPa 及 0.5MPa 排气回收时，排气回收实际切换控制压差 Δp_{sw} 的取值分别约为 0.02MPa、0.03MPa、0.04MPa 及 0.05MPa。这与图 3-17 排气回收临界切换控制压差的取值曲线基本吻合，说明式（3-41）是正确的。

3.5　气罐式排气回收切换控制判据及控制策略分析

由 3.3 节排气回收切换控制压差的理论分析及 3.4 节的实验研究可知，实验条件不同，排气回收切换控制压差的取值也不同，如气缸供气压力升高时，控制压差也相应升高等，因此，控制排气回收切换的回路设计较复杂。因此，在实际应用时，建议排气回收控制压差取一定值。

又由于在气缸常用气源压力（约为 0.2～0.5MPa）下排气回收时，排气回收切换控制压差 Δp_{sw} 的取值范围约为 0.02～0.05MPa。假设取较小值 0.02MPa 作为控制压差，则当气源压力升高时，此压差可能会使气缸活塞停止或发生"爬行"现象；若取较大值 0.05MPa 作为控制压差，其不仅能够满足较高气源压力下的排气回收过程，而且当系统气源压力降低时，不会对气缸活塞的速度产生不利影响。当气源压力为高压源（大于 0.5MPa）排气回收时，排气回收控制压差的取值应根据式（3-41）求得或通过图 3-17 中的取值曲线延长近似得到。

所以，为简化控制装置及控制策略，且使控制判据更加可靠、通用，实际应用中，建议切换压差取一固定值 0.05MPa，并将该值作为排气回收切换控制判据，这样的话，不仅能够满足不同回收条件下排气回收时回收气罐内回收的能量较多，而且不会对气缸活塞运动特性产生不利影响。

3.6　微型涡轮发电系统对气缸动态特性的影响

3.6.1　不同气源压力下对气缸两腔压力的影响

图 3-22 为不同气源压力下，气缸排气侧直接排空、分别接消声器及接微型涡轮发电系统时，对气缸两腔气体压力特性的影响规律曲线[124]。由图 3-22 可见，附加消声器和微型涡轮发电装置时，对气缸两腔气体压力的影响相当，且压力越高，微型涡轮发电装置对气缸动态特性的影响越接近于附加消声器时的效果。

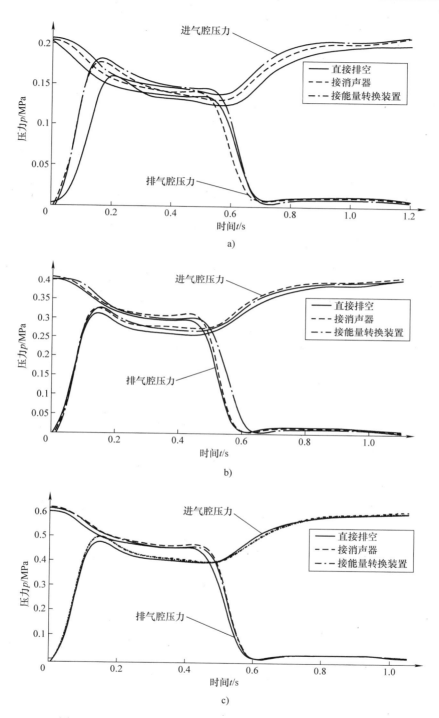

图 3-22　不同气源压力下气缸两腔气体压力变化的对比曲线

a) 气源压力为 0.2MPa　b) 气源压力为 0.4MPa　c) 气源压力为 0.6MPa

3.6.2　不同气源压力下对气缸活塞运动特性的影响

图 3-23 所示为不同气源压力下，气缸排气侧分别直接排空、接消声器、接微

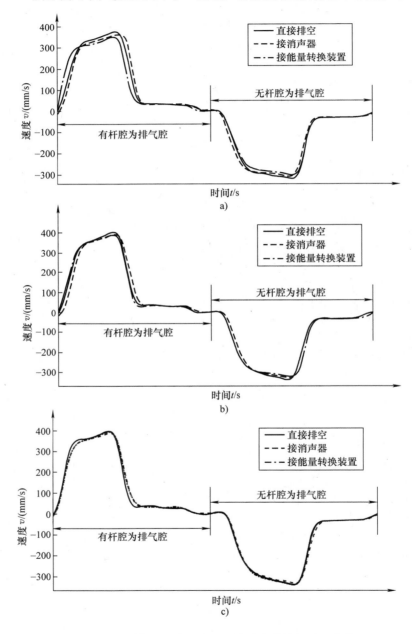

图 3-23　不同气源压力下气缸活塞速度特性的对比曲线

a) 气源压力为 0.2MPa　b) 气源压力为 0.4MPa　c) 气源压力为 0.6MPa

型发电系统时，对气缸活塞速度特性的影响规律曲线[124]。由图 3-23 可见，附加消声器和微型涡轮发电系统后，活塞的速度会有所减小，附加微型涡轮发电系统和消声器时对气缸动态特性的影响相当。不同气源压力对活塞速度特性有一定影响，且随着气源压力的增大，微型涡轮发电系统对活塞速度特性的影响有所降低。当活塞返回，气缸无杆腔要比有杆腔排气回收发电时对气缸动态特性影响小。

因此，文中所设计的微型排气回收发电系统对气缸动态特性的影响仅相当于消声器，故可作为气动附件直接使用。

3.7　小结

本章主要得出了以下结论。

1）从理论上分析了附加排气回收控制装置后，气缸排气腔的压缩空气以不同流速排入回收气罐时对气缸动态特性的影响规律。分析表明，当气缸排气腔压缩空气以声速向气罐排气时，排气回收装置对气缸动态特性影响较小，但回收的气体较少，而亚声速段排气回收时，随着气缸排气腔与气罐间压差的减小，气缸活塞的运行速度逐渐降低，气缸活塞动作时间也相应延长，而且当气缸排气腔的压力接近回收气罐内的压力时，活塞速度会低于 50mm/s，气缸活塞可能会停止或发生"爬行"现象。因此，需要控制好气缸排气腔与气罐间的压差，使气缸活塞速度不会低于 50mm/s，以尽量避免附加排气回收装置后对气缸运动特性所产生的不利影响。

2）推导出了气罐排气回收临界切换控制压差的表达式，然后对排气回收实际切换压差的取值进行了实验分析，结果表明，气缸常用气源压力（约为 0.2 ~ 0.5MPa）下排气回收时，排气回收切换控制压差的取值约为 0.02 ~ 0.05MPa。

3）提出了气罐排气回收切换控制判据及控制策略：即为了简化控制装置及控制策略，且使控制判据更加可靠、适用，建议切换压差取一固定值 0.05MPa，并将该值作为排气回收切换控制判据，这为排气回收控制装置的设计及工程实际应用打下了基础。

4）所设计的微型排气回收发电系统对气缸动态特性的影响仅相当于消声器，故可作为气动附件直接使用。

本章建立了两种排气回收控制系统的实验装置，并对排气回收系统的基本特性进行了实验研究，得到了附加排气回收装置前后对气缸动态特性的影响规律，这对下一步的研究工作具有重要的指导意义。

第4章 排气回收装置的设计与实验

气罐式排气回收时，若要构建排气回收控制系统，关键是要根据气缸排气回收控制判据的分析来控制排气回收过程的切换，即为了避免气缸活塞停止或发生"爬行现象"，气缸排气回收过程中，当气缸排气腔 p_2 与回收气罐 p_c 间的压差 Δp 达到排气回收实际切换控制判据时，回收控制装置就应切换，使气缸排气腔的剩余气体排向大气，因此，排气回收控制装置必须具备两个功能，一是能够实时检测气缸排气腔与气罐间的压差 Δp（$\Delta p = p_2 - p_c$）的变化，二是当压差 Δp 达到实际切换控制判据时发出信号（电信号或气信号）使控制装置切换。

设计微型涡轮排气回收发电装置时，关键是根据气缸排气特性研究能够最大化吸收排气侧冲击能量的微型涡轮，且与储能装置进行有效集成，可作为气动附件使用。

为了实现上述排气回收控制装置所具有的功能，本章以气缸排气回收控制装置及其控制技术为研究对象，设计能够在不同使用条件下实现对气缸排气腔压缩空气有效回收的排气回收控制装置，为实际应用打下基础。

4.1 气罐式排气回收控制装置的设计与实验

4.1.1 定差减压阀控制装置

1. 定差减压阀工作原理

由图 4-1 所示定差减压阀的图形符号可知，通过调节弹簧手柄设定定值压差 Δp_{sw}，且已知上游压力为 p_1，下游压力为 p_2。工作时，上游压力 p_1 流经定差减压阀后，其压力降低一恒定值 Δp_{sw}，即 $p_2 = p_1 - \Delta p_{sw}$。又因气控阀的切换控制信号为气压信号，因此，通过定差减压阀以及气控阀等的组合可实现气缸排气回收过程的切换。

图 4-1 定差减压阀的图形符号

2. 系统组成及工作原理

由图 4-1 定差减压阀的工作原理可知，可用定差减压阀来实现气缸排气回收控制过程的切换，其原理是上游压力 p_1 经过定差减压阀后其压力降低一定值压差 Δp，而且此压差不受上游压力波动的影响。

图 4-2 所示为气、电结合的气罐式排气回收控制装置，可根据工况需要用两位三通双电控电磁阀 DC 来实现对气缸无杆腔或有杆腔中压缩空气的回收。

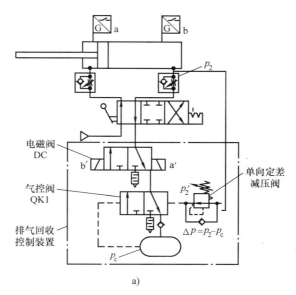

a)

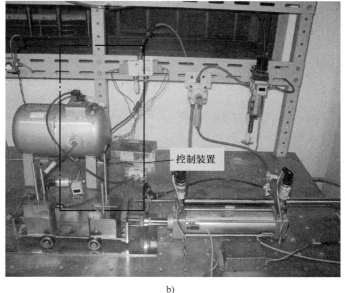

b)

图 4-2   气、电相结合的气罐式排气回收控制装置（定差减压阀控制）

a）气、电结合控制装置原理图   b）控制装置布局外形

图 4-3 所示为全气控气罐式排气回收控制装置，其特点是控制装置中的阀类元件均为气控阀，不需要稳压电源。

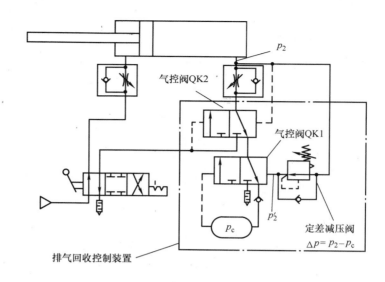

a)

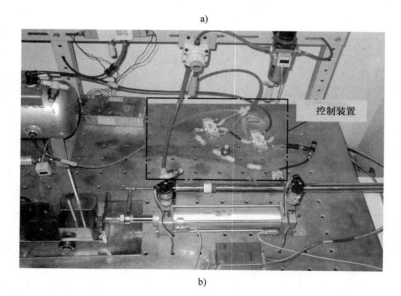

b)

图4-3 全气控气罐式排气回收控制装置（定差减压阀控制）

a) 全气控控制装置原理图 b) 控制装置布局外形

在图4-2和图4-3所示的气罐式排气回收切换控制装置中，回收气罐内压力作为气控阀 QK 的左位先导压力，气缸排气腔压力经定差减压阀减压后的压力作为气控阀 QK 的右位先导压力，通过调整定差减压阀的差压值 Δp_{sw}，即可实现不同排气回收切换压差下的排气回收过程。下面将对图4-2及图4-3排气回收控制装置的工作原理进行分析。

如图 4-2a、图 4-3a 所示，定差减压阀控制排气回收控制系统的工作原理如下。

首先，根据气缸排气回收控制判据设定定差减压阀的差压值 Δp_{sw}，在图 4-2a 所示状态下，磁性开关 a 发出信号 a′，电磁阀 DC 切换至右位。设气缸排气腔压力为 p_2，若气缸排气腔气体流经定差减压阀后压力 $p_2' = p_2 - \Delta p_{sw} \geq p_c$，此时，气控阀 QK 右位气压信号大于左位气压信号，气控阀 QK 右位接通，气缸排气腔的气体排向回收气罐。随着气罐内回收气体逐渐增多，压力 p_c 越来越高，直至气缸排气腔气体流经定差减压阀后压力 $p_2' = p_2 - \Delta p_{sw} < p_c$ 时，气控阀切换至左位，此时，气缸排气腔剩余气体排向大气。从而实现了气缸排气回收过程的控制切换。

图 4-3a 与图 4-2a 所示气缸排气回收控制装置工作原理相同，但此排气回收控制装置由气控阀及定差减压阀组成，为全气控回路，控制装置不需要稳压源，成本较低，操作方便。

3. 实验研究

图 4-4 为定差减压阀控制排气回收系统的实验曲线。

由图 4-4a 可见，当气缸排气腔与回收气罐间压差接近排气回收切换控制压差 Δp_{sw}（约为 0.05MPa）时，气缸活塞的运行速度接近 50mm/s，如图 4-4b 所示，定差减压阀控制装置切换，气缸排气腔由回收状态切换到了排向大气状态，达到了预期的切换目的。

但大量的实验表明，图 4-4 所示的两种排气回收控制装置均受定差减压阀以及气控阀等响应时间、调节精度的影响，当气控阀 QK 左位气压信号与右位气压信号相当时（即 $p_2' = p_2 - \Delta p_{sw} \approx p_c$），气控阀可能会出现切换"死点"，致使气控阀不能切换，控制切换精度较低，可靠性较差，不便于实际应用。

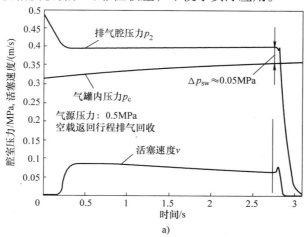

图 4-4　定差减压阀控制排气回收系统的实验曲线

a）$\Delta p_{sw} \approx 0.05MPa$

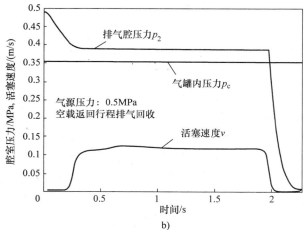

图 4-4 定差减压阀控制排气回收系统的实验曲线（续）

b）切换后

4.1.2 差压开关控制装置

1. 差压开关的工作原理

由图 4-5 所示差压开关的图形符号可知，已知上游压力为 p_1、下游压力 p_2 以及通过调节弹簧手柄设定的压差 Δp_{sw}。工作时，差压开关实时检测压差 $\Delta p = p_1 - p_2$，当压差 Δp 达到设定压差 Δp_{sw} 时，差压开关发出电信号，控制电磁阀的切换。

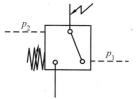

图 4-5 差压开关的图形符号

2. 系统组成及工作原理

为了根据式（3-41）所示的排气回收控制判据实现排气回收控制过程的启、停

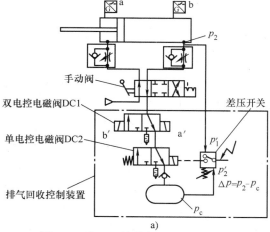

图 4-6 差压开关控制排气回收装置

a）差压开关控制装置原理图

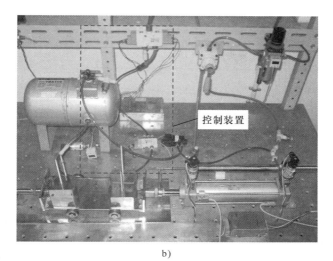

b)

图 4-6　差压开关控制排气回收装置（续）

b）差压开关控制装置布局外形

切换，设计了图 4-6 所示的排气回收控制装置，图中气 – 电转换差压开关（型号 PEN – M5，FESTO 制）能够根据设定的上游与下游之间的压差信号发出电信号，以便控制电磁阀的换向，实现回收过程的切换。

在图 4-6 所示状态下，气缸排气腔 p_2 与差压开关 p_1' 口相连，回收气罐 p_c 与差压开关 p_2' 口相连。当磁性开关 a 发出信号 a' 时，电磁阀 DC1 切换至右位。若气缸排气腔 p_2 与回收气罐 p_c 间的压差 Δp 大于排气回收实际切换压差 Δp_{sw} 时，差压开关输出电信号使电磁阀 DC2 右位接通，气缸排气腔的压缩空气排入气罐。随着气罐内回收气体逐渐增多，压力 p_c 越来越高，排气腔与气罐间的压差 Δp 越来越小，直至 Δp 达到或小于压差 Δp_{sw} 时，差压开关停止输出电信号，这时电磁阀 DC2 复位，气缸排气腔剩余气体排向大气。从而实现了气缸活塞返回行程排气回收过程的控制切换。

3. 实验研究

实验装置回路原理如图 3-1 所示，在表 3-1 所示的实验基本参数下，由式 (3-41) 排气回收控制判据可得，气缸排气腔与回收气罐间的压差 Δp_{sw} 等于 0.05MPa 时，换向阀就应切换，使气缸排气腔剩余气体排向大气，否则会对气缸活塞速度特性产生不利影响，因此，要首先设定差压开关的切换压差为 0.05MPa。

图 4-7 所示为差压开关控制回路中气缸动态特性实验曲线。

由图 4-7 可见，当气缸排气腔与气罐间的压差达到 0.05MPa 时，排气回收控制装置切换，气缸排气腔的剩余气体排向大气，实现了排气回收控制过程的切换。实验结果表明，此排气回收控制装置是可行的。

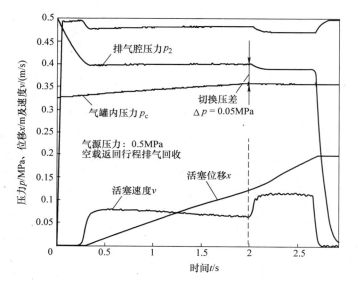

图 4-7　差压开关控制回路中气缸动态特性实验曲线

4.1.3　气罐式排气回收控制装置的比较分析

为了对所设计的气缸排气回收装置的切换控制精度（或切换误差的大小）进行分析，本节针对图 4-2、图 4-3 所示定差减压阀控制回路（因电、气结合及全气控控制装置切换原理相同，本实验采用电、气结合控制装置）以及图 4-6 所示差压开关控制回路分别进行了 50 次实验。实验中，设定排气回收切换控制压差为 0.05MPa。

表 4-1 为气缸排气回收控制装置的切换误差及切换控制精度分析数据，将这些数据点连接起来而生成的实验数据曲线如图 4-8 所示。

表 4-1　气缸排气回收装置的切换误差及切换控制精度分析数据

装置 参数	定差减压阀控制				差压开关控制			
	电、气结合（或全气控）							
设定切换压差	0.05MPa				0.05MPa			
回收装置 切换压力点/MPa	0.045	0.046	0.057	0.049	0.049	0.051	0.047	0.051
	0.048	0.042	0.056	0.048	0.051	0.048	0.049	0.052
	0.055	0.048	0.040	0.056	0.050	0.047	0.048	0.049
	0.043	0.051	0.048	0.054	0.048	0.050	0.049	0.051
	0.056	0.053	0.050	0.058	0.049	0.051	0.049	0.050
	0.055	0.058	0.056	0.041	0.052	0.052	0.051	0.048

（续）

装置　参数	定差减压阀控制				差压开关控制			
	电、气结合（或全气控）							
回收装置切换压力点/MPa	0.052	0.059	0.052	0.048	0.049	0.047	0.048	0.047
	0.048	0.060	0.045	0.051	0.047	0.049	0.053	0.049
	0.041	0.053	0.051	0.043	0.052	0.050	0.052	0.049
	0.058	0.048	0.058	0.045	0.051	0.051	0.048	0.051
	0.047	0.043	0.053	0.053	0.048	0.053	0.049	0.053
	0.048	0.043	0.054	0.045	0.051	0.052	0.048	0.049
	0.049	0.054			0.050	0.049		
实际切换压差波动范围	0.040 ~ 0.060MPa				0.047 ~ 0.053MPa			
切换控制精度	±0.010MPa				±0.003MPa			

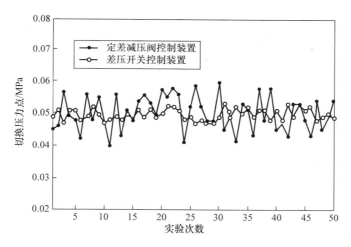

图 4-8　排气回收控制装置切换压力点的实验曲线

　　由表 4-1 及图 4-8 可以看出，定差减压阀控制装置的切换压力点较分散，波动较大。又由表 4-2 可见，与定差减压阀控制装置相比，差压开关控制装置的控制精度较高，切换误差约为 ±0.003MPa。

　　又由于在定差减压阀控制装置中，定差减压阀输出气压信号来控制气控阀的切换（气控阀左位控制信号为气罐内压力，右位控制信号为气缸排气腔气体流经定差减压阀后的压力），且气罐压力在不断升高，当气缸排气腔压力接近气罐压力时，也即当气控阀左位与右位气压信号相当时，可能会出现"死点"，致使气控阀不能完全切换，这会对气缸活塞的运动特性产生不利影响，而差压开关控制阀输出电信号以控制电磁换向阀的切换，且一般电磁阀的响应时间在 50ms 以下，因此，差压开关控制装置的可靠性相对较好。

在实际应用中，为了选取合适的控制装置，需要从气缸排气回收控制装置的控制精度、操作及使用的方便性、可靠性等方面进行考虑和分析，因此，下面将对上述三种气缸排气回收控制装置的实验特性进行对比分析，分析结果如表4-2所示。

表4-2　控制装置的比较分析

性能 回收装置		控制精度	可靠性	实用性
定差减压阀控制	气、电结合	较低	较差	较差
	全气控			
差压开关控制		高	好	好

从表4-2可以看出，建议气缸排气回收控制装置采用差压开关控制回路，其不仅能够实现气缸排气回收控制过程的实时切换，而且控制精度较高，操作方便，可靠性较好。

图4-9所示为对气缸伸出行程及返回行程排气腔的压缩空气均回收时，采用差压开关控制的双行程排气回收控制系统，其工作原理同图4-6。

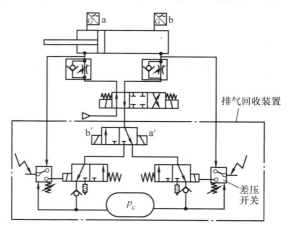

图4-9　差压开关控制的双行程排气回收系统

4.2　微型排气回收涡轮发电装置的设计与实验

为了设计合理高效的微型排气回收高效节能涡轮发电系统，首先应分析气缸排气能量的特点，进而对微型排气回收高效节能涡轮发电系统的功能需求进行分析。然后通过分析实际工作中压缩空气驱动发电系统的特性，再结合气缸排气特点和发电系统的性能要求，设计符合实际工况的微型排气回收高效节能涡轮发电系统[125]。

4.2.1　气缸排气侧冲击能量的分析

为了分析微型涡轮的受力情况，对排气口的风速进行测量分析。按照图 4-10 所示气缸排气特性实验回路简图搭建实验台，实验测得排气口风速。

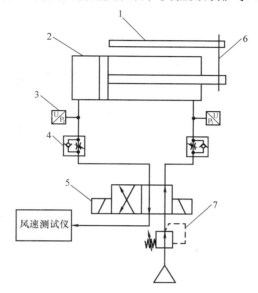

图 4-10　气缸排气特性实验回路简图

1—位移传感器　2—SMC 气缸　3—压力继电器　4—节流阀
5—换向阀　6—连接板　7—减压阀

如表 4-3 所示，v_1 表示恒定气流驱动的气体流速，v_2 则表示气缸排气驱动时所测气体流速。由表 4-3 绘制排气口流速随气源压力的变化曲线，如图 4-11 所示。由图可知，排气口流速随着气源压力的增大单调递增。

表 4-3　排气口流速随气源压力变化的数据

气源压力 p_s/MPa	排气口流速 v(m/s)		气源压力 p/MPa	排气口流速 v(m/s)	
	恒定气流驱动 v_1	气缸排气驱动 v_2		恒定气流驱动 v_1	气缸排气驱动 v_2
0.1	19.41	7.91	0.45	36.91	23.00
0.15	26.61	9.90	0.5	38.21	24.51
0.2	30.30	13.63	0.55	39.63	25.72
0.25	32.94	16.11	0.6	40.31	27.03
0.3	34.15	19.82	0.65	41.80	27.71
0.35	35.5	20.72	0.7	42.93	28.51
0.4	36.3	21.71			

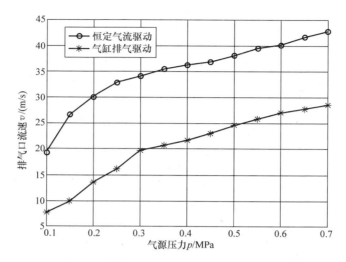

图 4-11   排气口流速随气源压力的变化曲线

由上述分析可知，活塞在运动过程中，排气腔的压缩空气的压力趋于稳定，这部分能量可以进行回收再利用。以工作行程为 250mm 的气缸为例，在不同工作压力下气缸活塞杆伸出或者返回行程所用时间大约为 0.8 ~ 1.4s。排气口流速在 7.9 ~ 28.5m/s 之间，故气缸排气特点如下。

1）自活塞开始运动至停止，排气腔压力大部分时间趋于稳定，小于气源工作压力。

2）气缸运动过程所用时间较短，气缸运动为往复运动，排气存在间隔。

3）气缸排气口气体流速较大，会产生较大的冲击力。

4.2.2   微型涡轮发电系统的性能需求分析

基于对传统气动回路的分析，微型排气回收高效节能涡轮发电系统要求符合以下几个特性。

（1）耐冲击性   由于气缸排气口风速较大，且气缸工作频率大，因此会对微型排气回收高效节能涡轮发电系统产生较大的冲击，尤其是微型涡轮部分，因此要求微型涡轮的受力要均匀。

（2）起动性能   通过前期实验可知，气缸排气过程短暂且不连续，活塞单次运动排出的气体有限。因此，微型排气回收高效节能涡轮发电系统需要在最短的时间内达到额定工作状态，以提高能量回收转换的效率。

（3）外形体积   微型排气回收高效节能涡轮发电系统的设计难点是微型化，使之可作为一个节能气动附件，附加在气动系统中换向阀的排气口处。因此，要求微型排气回收高效节能涡轮发电系统的外形尺寸要与气动系统中元件的大小基本一致，且与气动回路要有合适的接口。

（4）对原有气动回路特性的影响　微型排气回收高效节能涡轮发电系统的设计宗旨是节能，因此，在附加微型排气回收高效节能涡轮发电系统后对原有气动系统的运动特性影响要小。

（5）噪声小　目前典型的气动回路在排气口处均接有消声器，目的是避免气缸排气时产生较大的噪声，影响工作环境，因此在附加微型涡轮发电系统后，产生的噪声不能大于典型气动排气系统。

（6）能量回收转换效率　微型排气回收高效节能涡轮发电系统的最终目的，是对气缸排气能量进行回收，评价微型涡轮发电系统优劣的直接依据是能量回收转换效率的高低。因此，在满足上述要求的同时，要尽可能提高微型排气回收高效节能涡轮发电系统的发电效率。

4.2.3　微型涡轮发电系统的方案设计

微型排气回收高效节能涡轮发电系统的工作原理，是将气缸做完功后排出的压缩空气的压力能转换为电能，进行储存或者弱电系统直接使用，从而实现能量回收转换的目标，达到节能目的[125]。通过与风力发电机对比可以发现，其工作原理基本相同：高速气流所具有的动能作用在叶轮上，将动能转化为机械能，进而转化为电能。借鉴风力发电机的结构原理，对微型排气回收高效节能涡轮发电系统进行结构设计。

通过对风力发电机的结构分析可知，风力发电机由叶片和发电机组成。叶片将捕捉到的风能转换为机械能，进而转换为电能进行储存再利用。微型排气回收高效节能涡轮发电系统由微型涡轮和微型直流发电机两部分组成。其中，微型涡轮将气缸排出的压缩空气的压力能转换为微型涡轮旋转的机械能，微型直流发电机将微型涡轮的机械能转换为电能进行储存再利用。

微型排气回收高效节能涡轮发电系统的基本原理如下：在对微型涡轮和微型发电机进行集成之后，将排气回收发电装置连接在换向阀排气口处，气缸排气侧排出的压缩空气冲击微型涡轮高速旋转，将压力能转化为机械能；微型直流发电机在微型涡轮的带动下输出一定功率的电能；电能通过蓄电池进行储存或直接利用，如图4-12 所示。

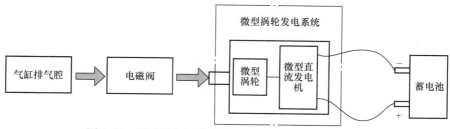

图 4-12　微型排气回收高效节能涡轮发电系统原理图

由于微型排气回收高效节能涡轮发电系统作为气动系统的一个节能附件使用，因此，其体积尺寸应与实际气动元器件的大小基本一致；且应具有良好的机械和电气接口，以便和气动系统的电磁阀和蓄电池进行连接。其中机械接口管螺纹尺寸为G1/4，电气接口为正负极端子。于是，微型排气回收高效节能涡轮发电系统的整体设计方案如图 4-13 所示。

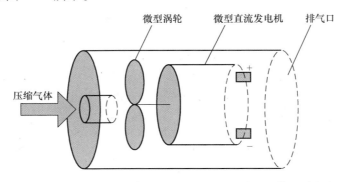

微型涡轮　　微型直流发电机　　排气口

压缩气体

图 4-13　微型排气回收高效节能涡轮发电系统的整体设计方案

4.2.4　微型涡轮发电装置的详细结构设计与优化

微型涡轮发电机涡轮输出机械能的多少对气缸排气侧的压缩空气的压力能利用率的高低产生影响，因此增加涡轮输出转矩是提高涡轮发电机转换效率的关键手段。目前，改善涡轮结构的研究设计有很多，但对蜗壳结构和进气口位置对输出转矩影响的研究较少。

根据空气动力学和风力机理论，结合微型直流发电机和气动系统常用元件的结构形式，设计了两种微型蜗壳，其直径尺寸应小于 50mm，如图 4-14 所示。微型涡轮、微型直流发电机、稳压电路内置于微型蜗壳中。进气口与微型涡轮的风帽垂直，在蜗壳外周设置排气口。

为有效减小微型节能涡轮发电装置的外形尺寸，采用轴流式微型涡轮。根据图 4-10 所示气缸排气特性实验简图测得排气口风速，由式（4-1）计算气缸排气口的质量流量。

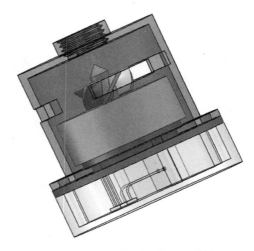

图 4-14　微型涡轮发电装置三维模型

$$q_m = \rho v A \tag{4-1}$$

式中　ρ——空气密度，$\rho = 1.205 \mathrm{kg/m^3}$；

　　　v——空气流速（m/s）；

　　　A——管道横截面积（$\mathrm{m^2}$）。

　　根据式（4-1）求得的质量流量 $q_m = 3.56 \mathrm{kg/h}$，利用 CFTurbo 软件辅助生成两种比较常见的微型涡轮，NACA 系列和 NOR 系列，其三维结构分别如图 4-15、图 4-16 所示，结合 3D 成型技术，制造微型涡轮实体，如图 4-17、图 4-18 所示。

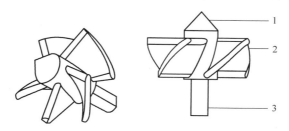

图 4-15　微型涡轮 NACA–5 三维结构

1—风帽　2—叶片　3—连接轴

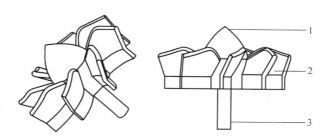

图 4-16　微型涡轮 NOR–8 三维结构

1—风帽　2—叶片　3—连接轴

图 4-17　微型涡轮 NACA–5 实体

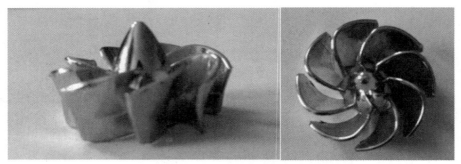

图 4-18　微型涡轮 NOR - 8 实体

4.2.5　微型涡轮输出特性数值模拟

为了分析不同工作条件下微型涡轮所受压力、转矩以及蜗壳内的流场分布情况，利用 FLUENT 进行数值模拟，深入研究了不同涡轮叶片数量、不同风帽形式下对微型涡轮叶片表面分布压力、转矩及蜗壳内流场分布情况的影响规律，进而设计一种使涡轮叶片所受压力均匀，产生大转矩的微型涡轮结构，并给出了涡轮叶片数量与所受压力及所输出转矩的函数关系，为进一步研究微型涡轮发电系统集成奠定了理论基础[127]。

1. 边界条件设置

以微型涡轮直径、入口压力和转速为定量，分别以叶片数量 $n = 3 \sim 15$ 和风帽形式为变量进行数值模拟。数值模拟简化模型如图 4-19 所示。

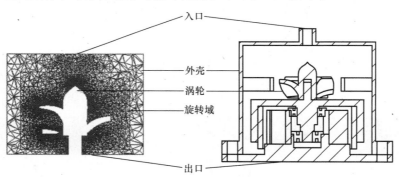

图 4-19　数值模拟简化模型

数值模拟采用瞬态（Transient）仿真，半隐式分离求解法（SIMPLE 算法），MRF 模型，入口边界 inlet 设置为压力入口，入口总压设置为 0.3MPa；出口边界 outlet 设置为压力出口，出口总压设置为 0MPa；将旋转域转速设置为 200rad/s；微型涡轮壁设置为 moving wall，相对于旋转域，涡轮转速为 0rad/s；模拟步长设为 0.01s，步数设置为 160 步。

基于蜗壳内部流场情况，采用四面体（Tetrahedrons）网格划分方法，网格单元数为 670566，节点数为 121735。

2. 结果讨论

（1）微型涡轮结构对其所受压力的影
响分析　贝茨理论假设涡轮叶片数为无限
多，并且覆盖整个扫略面积，这与微型涡
轮实际的工作情况不符。为了符合微型涡
轮捕获风能的实际情况，使用微型涡轮实
度 ε 代替微型涡轮扫略面积 S_r[126]，如图
4-20 所示。

涡轮实度 ε 为

$$\varepsilon = \frac{nA}{S_r} \qquad (4\text{-}2)$$

式中　$S_r = \pi R^2$

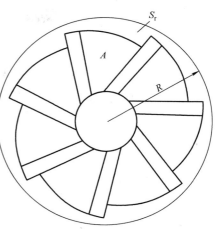

图 4-20　涡轮扫略面积

n——涡轮叶片数量；

A——单个叶片在涡轮扫略上的投影面
　　积（m^2）。

从式（4-2）可以看出，在微型涡轮半径一定时，微型涡轮叶片数 n 的增多和
单个叶片在涡轮扫略上的投影面积 A 的增大，都会使微型涡轮实度 ε 增大，从而提
高涡轮的风能捕获能力。

由图 4-21 微型涡轮所受压力云图可见，无论微型涡轮实度大小，微型涡轮受力
比较大的点均集中在轮毂附近。因蜗壳长度为 25mm，气缸排气腔排出的压缩空气速
度为 30m/s，故会导致气体瞬间冲出蜗壳。因此，在设计微型涡轮结构时，需校核轮
毂周围的微型涡轮结构强度，且在保证转动惯量时，可适当减小涡轮直径。图 4-21b
（NOR‑8 系列）微型涡轮，其涡轮实度比图 4-21a（NACA‑5 系列）小，故在相同
条件下，NACA‑5 系列的微型涡轮较容易达到受力均衡，输出转矩较大。

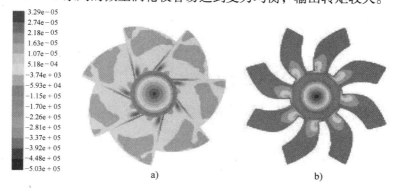

图 4-21　涡轮所受压力云图
a）NOR‑5 系列　b）NACA‑8 系列

（2）叶片数量及风帽形式对输出转矩的影响分析 在进气口来流速度较高的情况下，为减小高速气流对微型涡轮的冲击产生振动，使气流更充分地作用在涡轮叶片上，增大微型涡轮的风能捕获率，在微型涡轮轮毂处设置风帽导流是不错的方法。为了分析风帽形状和叶片数量对其输出的转矩的影响规律，针对目前常用的风帽形式，选取直线型、双曲线型、抛物线型三种形状的风帽进行分析比较。所得模拟数据用 MATLAB 软件进行拟合，拟合得到的三种风帽形式产生的转矩曲线如图4-22 所示。三种风帽形式的最大转矩见表4-4。

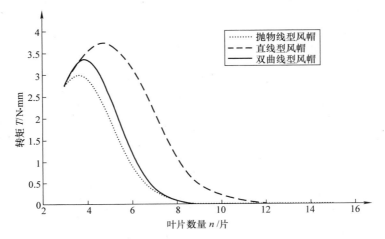

图 4-22 三种风帽形式产生的转矩曲线

表 4-4 三种风帽形式的最大转矩

类型	抛物线	直线	双曲线
最大转矩/N·mm	3.23	3.89	3.12
叶片数量 n/片	4	5	4

结合图 4-22 和表 4-4 可以得出，直线型风帽在叶片数量为 5 时产生的转矩最大，随着叶片数量增多，转矩反而减小。MATLAB 拟合函数得出以下转矩随着叶片数量变化的公式：

$$T = a\mathrm{e}^{\left[-\left(\frac{n-b}{c}\right)\right]^2} \tag{4-3}$$

式中，直线型、双曲线型、抛物线型的系数如表 4-5 所示。

表 4-5 拟合函数各项系数

类型	a	b	c
抛物线型	0.003012	3.608	2.185
直线型	0.00375	4.696	2.97
双曲线型	0.003346	3.897	2.061

3. 小结

本节利用 CFTurbo 软件建立了微型涡轮三维模型，通过实验测得风速及气缸排气压力，用以数值模拟边界条件的设置，利用 ANSYS/FLUENT 模拟了蜗壳内的流场分布及微型涡轮叶片的受力情况；利用 Matlab 对输出转矩和叶片数量的关系进行拟合，给出了叶片数量与输出转矩和所受压力在不同导流风帽形状下的关系式。

分析结果表明：

1）无论微型涡轮实度如何，微型涡轮受力比较大的点均集中在轮毂附近，这是因气缸排气口通流直径较小所致。

2）导流采用直线型风帽，且微型涡轮叶片数量为 5 时，输出转矩最大。

3）给出了叶片数量与输出转矩在不同风帽形状下的关系式，为后续微型微型涡轮设计及微型涡轮发电系统的有效集成奠定了理论基础。

4.2.6　微型蜗壳结构优化设计分析

为了分析蜗壳结构对微型涡轮输出转矩的影响规律，采用进气口位置 h_1、外壳开槽位置 h_2 和外壳开槽高度 d 为变量的微型涡轮发电装置（图 4-23），利用 ANSYS/FLUENT 对其进行数值模拟。

1. 边界条件设置

由于要分析进气口位置、外壳开槽位置和外壳开槽高度三个变量对微型涡轮输出转矩的影响，因此采用控制变量法进行数值模拟：首先对进气口位置进行仿真，蜗壳无开槽，只改变进气口位置，监测叶轮产生的转矩；在确定进气口位

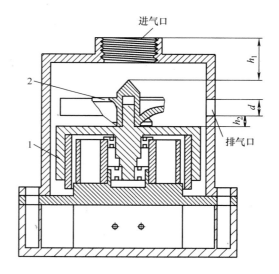

图 4-23　微型涡轮发电装置
1—微型直流发电机　2—微型涡轮

置后，以最优进气口位置为定量，分别对蜗壳开槽位置和外壳开槽高度进行数值模拟，同样监测叶轮产生的转矩。

仿真类型采用瞬态仿真，利用 Matlab 将进气口压力曲线进行分段函数拟合，再利用 UDF（User Defined Function）进行编程，准确设置入口变量。时间步长设置为 0.01s，步数设为 100 步。图 4-24 是不同模型的网格划分情况，采用四面体网格划分，节点数是 89107，网格数是 484727，满足模拟要求。

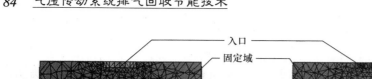

入口
固定域
旋转域
叶轮
排气口

图 4-24　不同模型的网格划分情况

2. 结果讨论

（1）进气口位置对转矩的影响　对数值模拟的结果进行后处理，得到图 4-25 进气口位置对转矩的影响和图 4-26 气流轨迹图。由图 4-25 可看出，进气口位置变化对涡轮产生的转矩影响较小。因外壳无开孔，在 0 ~ 0.2s 之间，转矩变化较大，出现振荡，达到额定工作点的时间较长。结合图 4-26 气流轨迹图可知，气流由进气口进入外壳，冲击叶片后不能直接沿径向排出，聚集在叶轮周边，并在叶根处产生绕流，导致转矩振荡。因此，在叶根处开孔是一种较好的解决转矩振荡的方法。

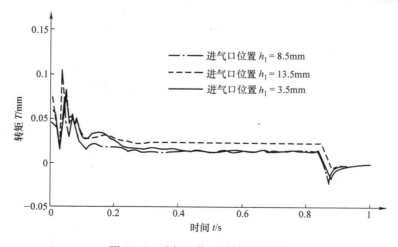

图 4-25　进气口位置对转矩的影响

图 4-26　气流轨迹图

（2）外壳开槽高度对转矩的影响　确定进气口位置后，以进气口距离涡轮顶部 8.5mm 为定值，在外壳上开槽，作为气体出口。由图 4-27 可知，在 $d=2$mm 时，由于开槽较小，会产生转矩振荡，且发出较大噪声；在 $d=8$mm 时，大部分有压缩空气直接经开槽排出，不能作用在涡轮上使其产生转矩；在 $d=5$mm 时，涡轮产生的起动转矩较大且平稳，较早达到额定工作点。

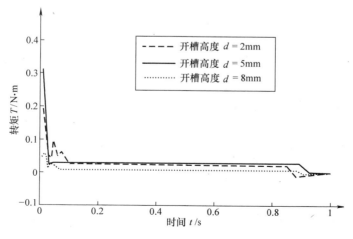

图 4-27　转矩随开槽大小的变化

（3）外壳开槽位置对转矩的影响 确定进气口位置和开槽高度后，对开槽位置进行仿真。如图 4-28 所示，h_2 越大，距离进气口位置越近，压缩空气直接排出的越多，因此导致产生的转矩较小。开槽位置在叶根以下时，不能及时排出经过涡轮的气流导致转矩产生振荡。综上，在涡轮根部与开槽底部平齐（$h_2 = 0$）时产生的转矩较大，且能最早达到额定工作点。

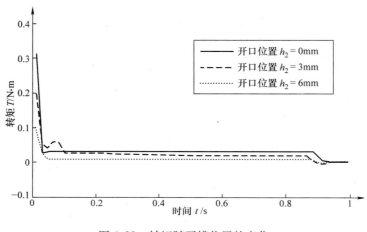

图 4-28 转矩随开槽位置的变化

3. 小结

在完善了微型涡轮结构的基础上，对集成发电系统的外壳部分进行了设计，研究了外壳进气口位置、外壳开槽位置和开槽高度对集成发电系统发电效率的影响。

1）微型涡轮发电系统外壳对涡轮产生的转矩影响较大。

2）改变外壳结构可增大涡轮产生的转矩和减小达到额定工作点的时间。

3）进气口位置设为距离微型涡轮顶部 8.5mm 处、开槽高度为 5mm、开口位置与微型涡轮根部平齐时，微型涡轮输出的转矩最大，且达到额定工作点的时间最短。

4.2.7 微型涡轮系统发电的特性

微型排气回收高效节能涡轮发电系统的性能指标可以作为微型涡轮及微型蜗壳设计是否合理的直接判据，也是进一步优化微型涡轮发电系统结构的理论依据。对该性能的分析研究主要分为以下两点：第一，对微型高效节能涡轮发电系统的基本特性进行分析研究，主要包括微型高效节能涡轮发电系统的起动性能以及微型涡轮输出的转矩和功率；第二，分析研究微型高效节能涡轮发电系统的发电性能，分别以恒定气流和气缸排气为驱动方式，对其发电性能进行分析研究。在此理论基础上，再对微型涡轮及微型蜗壳进行结构优化，得出最终的微型高效节能涡轮发电系统的结构形式。最后，分析微型高效节能涡轮发电系统对气缸运动特性的影响。

1. 起动特性分析

给定微型涡轮和微型蜗壳的大体结构后，对微型涡轮发电系统进行集成组装，如图 4-23 所示。

由于微型排气回收高效节能涡轮发电系统的工作过程是间歇不连续的，并且单次驱动时间较短，因此要求微型涡轮具有良好的起动特性，可以在最短的时间内达到微型直流发电机的额定转速。因此，以响应时间作为微型涡轮起动性能的评价指标。此处定义响应时间为：在气缸排气过程中，微型直流发电机作为微型涡轮的负载，且回路中的负载电阻恒定不变的情况下，微型直流发电机输出电压达到最大值 90% 的所需时间 t。实验台如图 3-3 所示，实验中采用的负载电阻 $R_L = 200\Omega$。

图 4-29 给出了微型涡轮 NACA – 5 系列和 NOR – 8 系列响应时间随气源压力变化的实验结果。由图可知，微型涡轮 NACA – 5 系列的起动时间随着气源压力的增大，呈现出单调递减的趋势。且在相同条件下，其起动性能要优于微型涡轮 NOR – 8 系列，起动时间更短。微型涡轮 NOR – 8 系列的起动时间虽然也呈现递减趋势，但是当气源压力大于 0.3MPa 时，响应时间不再明显变小，而是趋于稳定值。

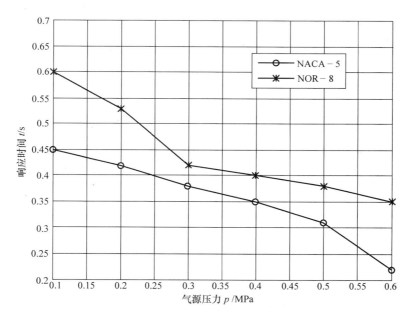

图 4-29　响应时间随气源压力的变化曲线

2. 恒定气流驱动时的发电特性

实验台如图 3-3 所示，实验中保持发电机型号和负载电阻恒定不变，只改变气源压力的大小，测量微型排气回收高效节能涡轮发电系统输出的端电压变化情况。

恒定气流驱动是气缸排气驱动的极限状态，因此，恒定气流驱动微型排气回收高效节能涡轮发电系统所得的实验结果，对分析气缸排气驱动微型节能涡轮发电系统有着重要的参考意义。

图4-30为NACA-5系列和NOR-8系列在恒定气流驱动下端电压随气源压力变化的实验结果，负载电阻选用200Ω。由图可见，分别由两种微型涡轮构成的微型涡轮发电系统，负载电阻的端电压都随着气源压力的增大呈单调递增趋势。NACA-5和NOR-8结构形式的涡轮，分别在气源压力大于0.6MPa和0.5MPa时，端电压趋于平缓，这是由于随着气源压力的增大，微型涡轮转速增大至微型直流发电机额定转速所致；NOR-8系列的端电压输出小于NACA-5系列，这是由于微型涡轮结构导致的风能利用率不同导致的。

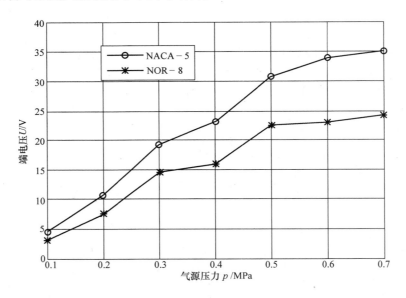

图4-30　在恒定气流驱动下端电压随气源压力的变化曲线

3. 气缸排气驱动时的发电特性

与恒定气流驱动不一样，气缸排气过程较短，微型涡轮发电系统的瞬间转速一般低于微型直流发电机的额定转速，导致其输出功率较小，因此应适当减小负载电阻。气缸缸径为50mm，行程为250mm，设定负载电阻为25Ω。

图4-31、图4-32分别为由NACA-5系列和NOR-8系列构成的微型涡轮发电系统的端电压变化曲线。由图可知，由于工况完全一样，NACA-5系列的端电压大于NOR-8系列的端电压，且在气源压力为0.1MPa时，NOR-8系列不能进行排气回收。由于负载电阻相同，所以其输出功率也要更高。

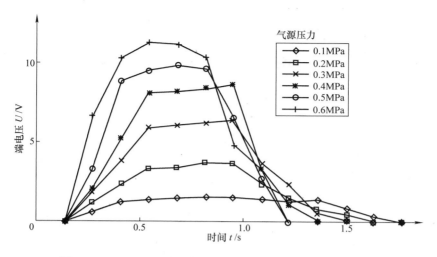

图 4-31　NACA - 5 系列微型涡轮发电系统的端电压变化曲线

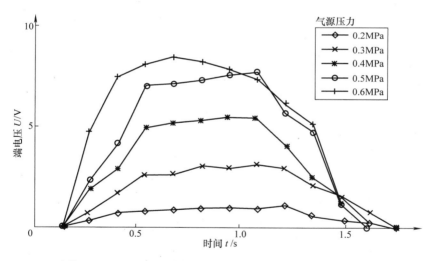

图 4-32　NOR - 8 系列微型涡轮发电系统的端电压变化曲线

　　结合本文第 3 章对微型涡轮输出特性的仿真分析，可以确定微型涡轮选用 NACA - 5 系列结构形式。

4.2.8　微型涡轮发电系统结构优化设计

　　因气缸排气过程较短，需考虑微型直流发电机对发电效率的影响。为此，对微型涡轮发电系统进行整体优化，主要对两种微型直流发电机结构（图 4-33）进行讨论，分别为 F50 - 5V 型和 JDB25 - 5V 型。将 NACA - 5 系列与微型直流发电机 JDB25 - 5V 型进行集成组装，实验测试改进后的微型涡轮发电系统的起动性能和

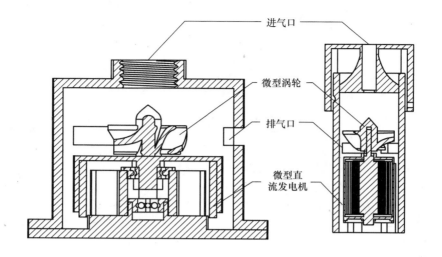

图 4-33 两种微型直流发电机结构

发电性能。实验台如图 3-3 所示，实验参数如表 3-2 所示。改进后微型涡轮发电系统的起动性能和发电特性如图 4-34、图 4-35 所示。

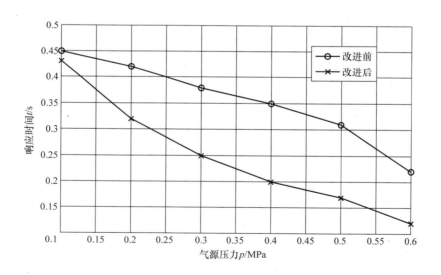

图 4-34 微型涡轮发电系统改进前后随气源压力变化的响应时间对比曲线

由图 4-34～图 4-36 可知，改进后的微型涡轮发电系统在起动性能和发电特性方面都优于改进前的微型涡轮发电系统。

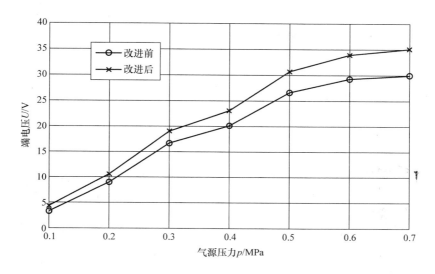

图 4-35　微型涡轮发电系统改进前后恒定气流驱动发电系统端电压随气源压力变化的对比曲线

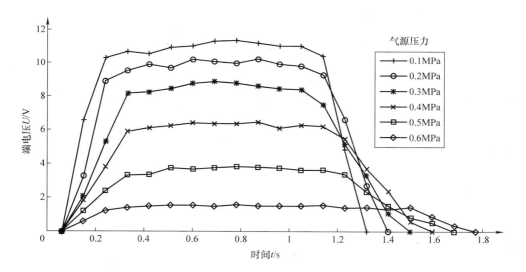

图 4-36　微型涡轮发电系统改进后气缸排气驱动输出端电压变化曲线

4.3　小结

采用气罐排气回收装置时，根据对气缸排气回收控制判据和控制策略的研究成果，分别设计了定差减压阀控制和差压开关控制的两种排气回收装置，并进行了实验研究。结果表明，建议采用差压开关控制装置，该装置不仅可根据设定排气回收控制判据实现排气切换，且控制精度较高。

采用微型涡轮发电回收装置时，进行如下研究并得到了有关结论。

1）利用 CFTURBO 软件建立了微型涡轮三维模型，通过实验测得气体流速及气缸排气压力，用以数值模拟边界条件的设置，利用 ANSYS/FLUENT 模拟了蜗壳内的流场分布及微型涡轮叶片受力情况；利用 MATLAB 对输出转矩和叶片数量的关系进行拟合，给出了叶片数量与输出转矩和所受压力在不同导流风帽形式下的关系式。导流采用直线型风帽，且微型涡轮叶片数量为 5 时，输出转矩最大。

2）在完善了微型涡轮结构的基础上，对集成发电系统的外壳部分进行了设计，研究了外壳进气口位置、外壳开槽位置和开槽高度对集成发电系统发电效率的影响。微型涡轮发电系统外壳对涡轮产生的转矩影响较大，改变外壳结构可增大涡轮产生的转矩和减小达到额定工作点的时间；进气口位置设为距离微型涡轮顶部 8.5mm 处、开槽高度为 5mm、开口位置与微型涡轮根部平齐时，微型涡轮输出的转矩最大，且达到额定工作点的时间最短。

第5章 排气回收系统回收效率的评价方法

针对气罐排气回收系统，前面几章已就附加气罐回收装置后对排气回收系统动态特性的影响规律进行了理论分析和实验研究，并在深入分析排气回收切换控制过程的基础上，给出了气缸排气回收切换控制判据以及实际应用中的建议取值。通过分析得出，为了尽量减少排气回收装置对气缸活塞运动特性的影响，在回收气罐压力接近气缸排气腔压力之前，排气回收切换阀必须切换，使气缸排气腔的剩余压缩空气排向大气。切换点选取的不同，回收气罐内所回收的气体能量也会不同，因此，如何评价排气回收系统的回收效率或回收效果，也是有必要进行深入研究的。

针对微型涡轮高效发电排气回收节能装置，前面章节对微型涡轮及蜗壳的结构、起动性能、发电特性以及附加微型发电系统后对气动回路的特性影响规律进行了理论分析和实验研究。在确定微型涡轮发电系统最终结构及实验验证可行性之后，通过分析排气能量转换过程特性，对输入能量和输出能量进行讨论分析，最终提出微型涡轮发电系统的效率评价方法。

本章在对空气状态方程、空气热力学过程以及排气回收控制系统的数学模型进行深入分析的基础上，研究排气回收系统回收效率的评价方法，并进行相关的实测计算。

5.1 气罐式排气回收系统的能量传递和转换过程分析

在气动系统中，压缩空气从一处流到另一处，随着压缩空气的移动而移动的能量就等于它的焓。这点在气动系统动力学计算中有重要意义。

压缩空气的焓 H 为内能 I 与压力能 $E_p(pV)$ 之和[18]，即：

$$H = I + E_p = I + pV \tag{5-1}$$

式中　I——热力学能（J）；

　　　E_p——压力能（J）。

$$E_p = pV \tag{5-2}$$

式中　p——腔室压力（MPa）；

　　　V——腔室容积（m³）。

焓的单位与内能单位一致，焓是状态参数，在任一平衡状态下，I、p、V 为定值时，H 也为定值。I 是 M kg 气体的内能；pV 是 M kg 气体的压力能，即移动 M kg 气体所传递的能量。当有 M kg 气体通过一定的界面流入某热力系统时，该 M kg 气体的内能 I 随着气体本身带进了系统，同时还把从后面获得的压力能 pV 也带进了系统。因此，系统所获得的总能量为内能与压力能（推动功）之和 $I+pV$。

对于排气回收系统来说，由于排气管道内的温度瞬时变化难以测量，且回收气罐容积较大。假设气罐周边温度与气缸周边温度相同，在排气过程结束，气体回收到气罐中后，不考虑其流动过程中的状态变化，只考虑回收到储气罐中气体的焓，在环境温度不变的情况下，式（5-1）中内能部分可忽略不计。

因此，用压力能 pV 的变化量 ΔE_p 来描述排气回收系统中能量的传递和转换关系，如下式所示。

$$\Delta E_p = E_2 - E_1 = p_2 V_2 - p_1 V_1 \tag{5-3}$$

式中　E_1、E_2——分别为起始时刻及结束时刻的压力能（J）；

$\quad\quad p_1$、p_2——分别为起始时刻及结束时刻的气体绝对压力（MPa）；

$\quad\quad V_1$、V_2——分别为起始时刻及结束时刻的容腔容积（m^3）。

由前面几章的研究结论可知，在气缸排气侧附加排气回收装置后，回收气罐内压力越高，气缸排气腔的压缩空气越难以排入回收气罐，也就是说，要想回收更多的能量，气缸驱动腔不仅要克服力负载，而且还要多做功将排气腔的压缩空气压入回收气罐，因此，在评价排气回收控制系统的回收效率时，还需要对附加排气回收装置后气缸驱动腔能耗的变化进行深入的分析。

下面将对气缸排气回收效率的评价方法进行理论分析和实验研究。

5.2　气罐式排气回收效率评价方法的理论分析

5.2.1　气缸排气腔初始能量分析

由图 5-1 所示，为分析方便，气缸驱动腔参数用下标 1 表示，排气腔参数用下标 2 表示，回收气罐参数用下标 c 表示。

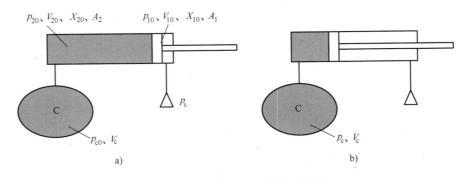

图 5-1　排气回收过程简化示意图

a）回收起始时刻　b）回收结束时刻

因排气回收初始时刻气缸排气腔绝对压力约为气源压力，由式（5-2）可得，气缸排气腔所含初始能量为：

$$E_0 = p_s(V_2 + V_{20}) \tag{5-4}$$

式中　p_s——气缸供气绝对压力（MPa）；

　　　V_2——排气腔初始容积（m³）；

　　　V_{20}——排气腔余隙容积与排气腔至换向阀间管道容积的和（m³）。

5.2.2　回收能量分析

在回收系统的排气回收装置中，回收气罐容积一般比气缸排气腔容积大得多，因此，气缸排气回收过程可分为如下两种情况。

1）当回收气罐压力较低时，在气缸活塞杆到达行程终端的时刻，气缸排气腔与回收气罐间的压差没有达到排气回收切换控制判据 ΔP_{sw}。

2）在气缸活塞杆到达行程终端之前气缸排气腔与回收气罐间的压差已经达到排气回收实际切换控制判据 ΔP_{sw}。

下面将针对上述两种情况下排气回收时回收气罐回收的能量进行分析。

1. 对于第一种情况下排气回收前后气罐内的压力变化量

在第一种情况下，除了气缸排气腔的压缩空气流经排气管道时的压力损失、管道系统的泄漏以及气缸闭死容积内等小部分气体以外，气缸排气腔的绝大部分气体均被回收到气罐中，此时，若设回收气罐内的初始压力为 p_{c0}、气缸活塞杆到达行程终端后气罐内的压力为 p_{ce}，则回收气罐内的压力变化量 Δp_{c1} 为：

$$\Delta p_{c1} = p_{ce} - p_{c0} \tag{5-5}$$

由理想气体状态方程可知，

$$pV = MRT \tag{5-6}$$

如图 5-1 所示，气缸排气腔的压缩空气排入回收气罐后，回收气罐 C 内气体质量的增加量 ΔM_c 约等于气缸排气腔气体质量的减少值 ΔM_2，即：

$$\Delta M_c \approx \Delta M_2 \tag{5-7}$$

对于气缸排气腔来说，由式（5-6）可知，排气回收初始时刻气缸排气腔内的压缩空气质量 M_{20} 为：

$$M_{20} = \frac{p_{20}(V_2 + V_{20})}{RT_s} \tag{5-8}$$

式中　p_{20}——排气回收初始时刻气缸排气腔的绝对压力（MPa）。

即

$$p_{20} \approx p_s$$

排气回收结束时刻气缸排气腔内的压缩空气质量 M_{2e} 为：

$$M_{2e} = \frac{p_{2e}V_{20}}{RT_s} \tag{5-9}$$

式中　p_{2e}——排气回收结束时刻气缸排气腔内的绝对压力（MPa）。

即
$$p_{2e} \approx p_{ce}$$

因此，气缸排气腔排气回收前后腔室内气体质量的变化量 ΔM_2 为：
$$\Delta M_2 = \frac{p_{20}(V_2 + V_{20}) - p_{2e}V_{20}}{RT_s} \tag{5-10}$$

同理，对于气罐来说，回收气罐内气体质量增加量 ΔM_c 为：
$$\Delta M_c = \frac{\Delta p_c V_c}{RT_s} \tag{5-11}$$

由式（5-7）、式（5-10）及式（5-11）可知，排气回收前后回收气罐内的压力变化量 Δp_{c1} 为：
$$\Delta p_{c1} = \frac{p_{20}(V_2 + V_{20}) - p_{2e}V_{20}}{V_c} \tag{5-12}$$

将式（5-12）代入式（5-5）整理可得，气缸排气回收结束后回收气罐内的压力值 p_{ce} 为：
$$p_{ce} = \frac{p_{c0}V_c + p_{20}(V_2 + V_{20})}{V_c + V_{20}} \tag{5-13}$$

2. 对于第二种情况下排气回收前后气罐内的压力变化量

设排气回收实际切换控制判据为 Δp_{sw}，回收气罐内的初始压力为 p_{c0}，由第四章排气回收控制判据及控制策略的研究可知，当气缸排气腔与回收气罐间的压差达到 Δp_{sw} 时，气缸排气腔的压力已接近能够克服力负载的最大压力 p_{2max} 为：
$$p_{2max} = \frac{p_s A_1 - F}{A_2} \tag{5-14}$$

式中　A_2——气缸排气侧活塞的有效面积（m^2）；

　　　A_1——气缸进气侧活塞的有效面积（m^2）；

　　　F——力负载（N）。

设排气回收切换时刻回收气罐内的压力 p_{csw} 为：
$$p_{csw} = p_{2max} - \Delta p_{sw} \tag{5-15}$$

因此，由式（5-14）及式（5-15）可知，排气回收切换后回收气罐内的压力变化量 Δp_{c2} 为：
$$\Delta p_{c2} = p_{2max} - \Delta p_{sw} - p_{c0} \tag{5-16}$$

3. 气罐内可回收气体的最高压力的求解

一定实验条件下，气缸活塞作往复运动，气缸排气腔的压缩空气不断排入气罐，气罐内压力不断升高。当气缸排气腔与气罐间的压差达到排气回收切换控制判据 Δp_{sw}（取值约为 0.05MPa）时，回收阀切换使气缸排气腔的剩余压缩空气排向大气。这时，气缸排气腔的压力接近能够克服力负载所需要的最大压力 p_{2max}，气罐内回收气体的压力为最大压力 p_{cmax}：
$$p_{cmax} = p_{2max} - \Delta p_{sw} \tag{5-17}$$

式中的 $p_{2\max}$ 可由式（5-14）求得。

设气缸缸径为 0.05m、活塞杆杆径为 0.02m、气缸行程为 0.2m、负载为 20N，排气回收切换控制判据 $\Delta p_{sw} = 0.05\text{MPa}$。将上述参数代入式（5-17）可得：当气源压力为 0.2 ~ 0.5MPa 排气回收时，气罐内可回收气体的最大压力约为 0.11 ~ 0.35MPa。

4. 回收气罐内回收能量的计算

由式（5-13）及式（5-16）可知，排气回收前后回收气罐内的回收能量 ΔE_{re} 为：

$$\Delta E_{re} = \Delta p_c V_c \tag{5-18}$$

式中　Δp_c——回收气罐内的压力变化量（MPa），根据回收气罐内初始压力的不同可由式（5-13）或式（5-16）求得；

$\quad\quad V_c$——气罐的容积（m^3）。

5.2.3　气缸驱动腔能耗增加率的理论分析及实验

附加排气回收装置后，为了将气缸排气腔的压缩空气排入回收气罐，气缸驱动腔做功是否会增加呢？这就需要对附加排气回收装置前后气缸驱动腔做功的变化量进行理论分析和实验研究。

1. 气缸驱动腔能耗增加率的理论分析

附加排气回收装置前后，气缸驱动腔所做驱动功比值 ε 称为能耗比：

$$\varepsilon = \frac{\text{附加排气回收装置前的驱动功}}{\text{无排气回收装置时的驱动功}} = \frac{W}{W_0} \tag{5-19}$$

式中　W——附加排气回收装置后气缸驱动腔推动负载所做的驱动功（J）；

$\quad\quad W_0$——无排气回收装置时气缸驱动腔推动负载所做的驱动功（J）。

$$W = \int_0^L pA\,\mathrm{d}x \tag{5-20}$$

图 5-2 中气体作用在活塞上的力 $p(x)A$ 曲线下阴影部分的面积，计算公式如下

$$W_0 = \int_0^{L_s} p_0 A\,\mathrm{d}x \tag{5-21}$$

数值计算可通过对仿真模型积分求解完成。对于实验研究，则通过对采集的离散数据做数值积分得到。因为式（5-20）或式（5-21）中被积函数无解析解，而是一组离散数据，所以使用梯形法求积分：

$$W = A\sum_{i=1}^{n-1}\left(\frac{p(x_i) + p(x_{i+1})}{2}\right)\Delta x_i \tag{5-22}$$

式中　　　Δx_i——积分步长；

$p(x_i)$、$p(x_{i+1})$——分别为 x_i 和 x_{i+1} 点的压力（MPa）。

因此，排气回收系统的能耗比 ε 可表示为：

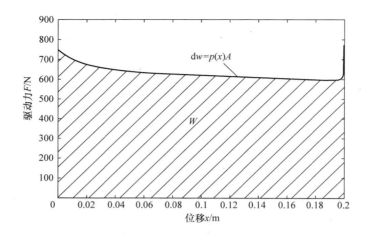

图 5-2　气缸驱动腔压力做功计算图

$$\varepsilon = \frac{\int_0^{L_s} pA\mathrm{d}x}{\int_0^{L_s} p_0 A\mathrm{d}x} \tag{5-23}$$

式中　A——气缸进气侧活塞有效面积（m^2）；

　　　p——附加排气回收装置后气缸驱动腔压力（MPa）；

　　　p_0——无排气回收装置时气缸驱动腔压力（MPa）。

若从比率的角度来看，则排气回收系统的能耗增加率 ψ 的表达式为：

$$\psi = \frac{W - W_0}{W_0} \times 100\% \tag{5-24}$$

式中各参数见式（5-20）、式（5-21）。

2. 驱动腔能耗增加率的实验研究

为了测试附加排气回收装置后气缸驱动腔做功的变化情况，下面根据上述对排气回收系统驱动腔能耗比或能耗增加率的分析进行相关实验研究，实验台如图 3-1 所示。设气缸气源压力为 0.5MPa，返回行程排气回收，气罐容积为 0.005m^3、缸径为 50mm、活塞杆杆径为 20mm、气缸行程为 200mm。

实验时，通过不断增加回收气罐的初始压力进行排气回收，可得到一系列气罐不同初始压力下排气回收时，气缸驱动腔做功的变化曲线。

图 5-3、图 5-4 所示分别为气罐内不同初始压力下排气回收时气缸驱动腔做功以及气缸驱动腔做功增加量的变化曲线。系统排气回收过程中，随着回收气罐内初始压力的升高，气缸驱动腔做功逐渐增加。

图 5-5、图 5-6 分别为气罐不同初始压力下排气回收时气缸驱动腔能耗比和能耗增加率的变化曲线。系统排气回收过程中，回收气罐的初始压力越高，排气回收

切换压差越小，回收气罐内的回收能量越多。但为了将气缸排气腔的压缩空气排入气罐，气缸驱动腔做功逐渐增加，驱动腔能耗比增至 1.1 左右，且驱动腔能耗增加率逐渐增加至 10% 左右。

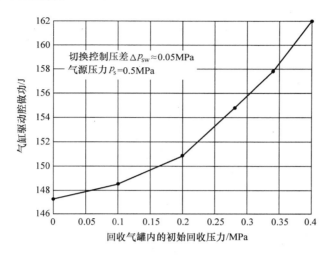

图 5-3　附加回收装置后气罐内不同初始压力下排气回收时气缸驱动腔做功的变化曲线

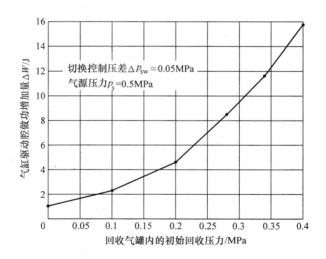

图 5-4　附加回收装置后气罐不同初始压力下排气回收时气缸驱动腔做功增加量的变化曲线

　　附加排气回收装置前后，随着排气回收切换控制压差的变化，气缸驱动腔做功增加量 ΔW 及能耗增加率 ψ 的具体数值见表 5-1（设无排气回收装置驱动腔做功为 W_0，附加排气回收装置后驱动腔做功为 W_1）。

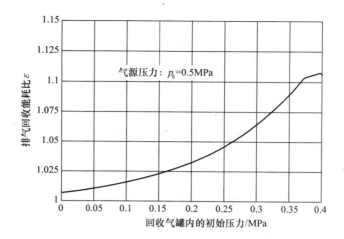

图 5-5　气罐不同初始压力下排气回收时能耗比的变化曲线

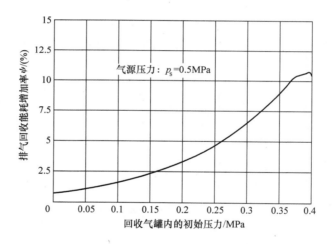

图 5-6　气罐不同初始压力下排气回收时能耗增加率的变化曲线

表 5-1　附加排气回收装置后气缸驱动腔做功增加量 ΔW 及能耗增加率 ψ

气罐内的初始压力 p_{c0}/MPa	0.00	0.10	0.20	0.28	0.34	0.40
切换压差/MPa	0.35	0.26	0.18	0.09	0.05	0.01
无排气回收装置驱动腔做功 W_0/J	146.25	146.25	146.25	146.25	146.25	146.25
附加排气回收装置后驱动腔做功 W_1/J	147.22	148.46	150.79	154.71	157.80	161.96
驱动功增加量 ΔW/J $= W_1 - W_0$	0.97	2.21	4.54	8.46	11.55	15.71
能耗增加率 ψ（%）	0.66	1.51	3.1	5.78	7.89	10.74

由表 5-1 可见，在图 3-1 所示实验气动回路下，声速段排气回收时，回收气罐

内的压力较低，气缸驱动腔做功增加量较少；但亚声速段排气回收时，随着回收气罐压力的升高，气缸驱动腔能耗增加率显著增加，最终可达 10% 左右，因此，在计算系统排气回收效率时，应考虑气缸驱动腔能耗的增加量。

5.2.4　排气回收效率的评价方法

由式（5-4）、式（5-18）及式（5-19）可知，环境温度一定，不同回收气罐的初始压力下，气缸排气腔的压缩空气向回收气罐排气一次，系统的净排气回收效率 η_J 可表述为[128]：

$$\eta_J = \frac{\text{实际净回收的排气能量}}{\text{可利用能量}} \times 100\%$$

$$\eta_J = \frac{\text{回收的排气能量} - \text{气缸驱动功的变化量}}{\text{可利用能量}} \times 100\% \qquad (5\text{-}25)$$

即：

$$\eta_J = \frac{\Delta E_{Re} - \Delta W}{E_0} \times 100\% = \frac{\Delta p_c V_c - (W - W_0)}{p_s(V_2 + V_{20})} \times 100\% \qquad (5\text{-}26)$$

若不计气缸驱动功的变化量，则系统的粗排气回收效率 η_C 可近似表示为：

$$\eta_C = \frac{\Delta E_{Re}}{E_0} \times 100\% = \frac{\Delta p_c V_c}{p_s(V_2 + V_{20})} \times 100\% \qquad (5\text{-}27)$$

式中　Δp_c——气罐内回收气体压力的变化量（MPa），且气罐内的初始压力不同，因而 Δp_c 的求解公式也不同，可由式（5-13）或式（5-16）求得。

　　E_0——气缸排气腔的初始能量（J）；

　　V_2——排气腔的初始容积（m^3）；

　　V_{20}——排气腔余隙容积与排气腔至换向阀间管道容积的和（m^3）；

　　W——附加排气回收装置后气缸驱动腔推动负载所做的驱动功（J）；

　　W_0——无排气回收装置时气缸驱动腔推动负载所做的驱动功（J）；

　　η_C——附加排气回收装置后，不计气缸驱动功时系统粗排气的回收效率（%）；

　　η_J——附加排气回收装置后，考虑气缸驱动功时系统净排气的回收效率（%）。

5.3　气罐式排气回收效率的实验

为了对系统排气回收效率进行定量分析，针对图 3-1 所示的实验系统进行了实验研究。

实验基本参数如下：气源压力为 0.5MPa，返回行程排气回收，力负载为 20N（空载），气罐容积为 0.005m^3，缸径为 50mm，活塞杆直径为 20mm，气缸行程为 200mm，排气腔初始容积为 $3.9270 \times 10^{-4} m^3$，余隙容积 V_{20} 为 $3.5 \times 10^{-6} m^3$。又由

3.3节可知，气缸排气回收实际切换控制压差 Δp_{sw} 为 0.05MPa。

图5-7、图5-8为不同气罐内的初始回收压力下排气回收时系统的粗排气回收效率和净排气回收效率。不同气罐内的初始压力下排气回收时系统粗（净）排气回收效率如表5-2所示。

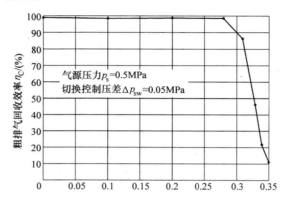

图 5-7　气罐内不同初始压力下系统的粗排气回收效率

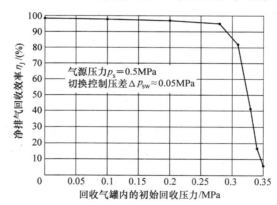

图 5-8　气罐内不同初始压力下系统的净排气回收效率

表5-2　在气罐不同初始压力下排气回收时系统的粗（净）排气回收效率

气罐内的初始压力 p_{c0}/MPa	0.00	0.10	0.20	0.28	0.31	0.33	0.34	0.35
系统的粗排气回收能量 ΔE_{Re}/J	232.5	231.4	232.3	231.8	202.4	107.2	50.2	25.7
气缸驱动功的变化量/J	0.97	2.21	4.54	8.46	10.25	10.95	11.85	12.65
实际净回收的排气能量/J	231.5	229.2	227.8	223.3	192.2	96.3	38.4	13.1
系统的粗排气回收效率 η_C(%)	98.71	98.21	98.61	98.41	85.92	45.51	21.25	10.90
系统净排气回收效率 η_J(%)	98.3	97.3	96.7	94.8	81.6	40.9	16.3	5.6

　　由图5-7、图5-8及表5-2可知，在表3-1所述实验基本参数下，气缸排气腔向回收气罐的排气回收过程中，因回收气罐的容积一般比气缸排气的腔容积大得多，所以当回收气罐内的初始压力在 0 ~ 0.3MPa 排气回收时，气缸排气腔与回收气罐间的压差在活塞到达行程终端时没有达到切换控制判据 Δp_{sw}，此时，除了压力损失、泄漏以及气缸闭死容积内小部分气体等以外，气缸排气腔的绝大部分能量均被回收到气罐中，排气回收系统的回收效率较高，可达80%以上。

　　从图5-7及图5-8中还可以看出，在上述实验条件下，当回收气罐内的初始压力大于 0.3MPa 排气回收时，气缸排气腔与回收气罐间的压差在活塞到达行程终端之前就达到切换压差 Δp_{sw}，且回收气罐内的初始回收压力越高，气缸排气腔排入回收气罐内的气体越少，系统排气回收效率越低。当气源压力为 0.5MPa，回收气罐内的初始压力为 0.35MPa 排气回收时，气缸活塞起动的时刻气缸排气腔与气罐间的压差就已达到排气回收实际切换控制判据 Δp_{sw}，回收气体能量很少，回收效率较低。因随着回收气罐初始回收压力的升高，气缸驱动腔做功逐渐增加，所以，考虑气缸驱动腔做功时系统排气回收效率要比不考虑驱动腔做功时的系统排气回收效率略低。

　　由上述分析可见，排气回收控制系统可以实现较高的回收效率。

5.4　微型排气回收涡轮发电系统转换效率的分析

　　压缩空气在微型涡轮发电系统中的能量转换过程分为两个阶段：第一阶段，压缩空气体具有的压力能转换为涡轮的机械能，具有一定温度和压力的压缩空气经由换向阀排出，此时压缩空气的温度和压力都会降低，速度增加，推动微型涡轮旋转，将压力能转换为机械能；第二阶段，涡轮的机械能转换为电能，微型涡轮带动微型直流发电机旋转，将机械能转化成电能进行储存并利用，图5-9为微型涡轮发电系统的能量转换过程。

5.4.1　输入能量分析

　　气动系统中，压缩空气的总能为焓、动能和势能。压缩空气在传送和使用过程中，其动能和势能可以忽略不计，因此流动压缩空气的能量公式为：

$$H = I + E_P = mC_p\theta \tag{5-28}$$

式中　H——压缩空气的焓（J）；

　　　I——内能（J）；

　　　E_P——压力能（J），$E_P = pV$，p 为排气腔压缩空气的压力（MPa），V 为腔室容积（m³）；

m——空气质量（kg）；

C_p——等压比热容 $[J/(kg \cdot \text{℃})]$；

θ——空气温度（℃）。

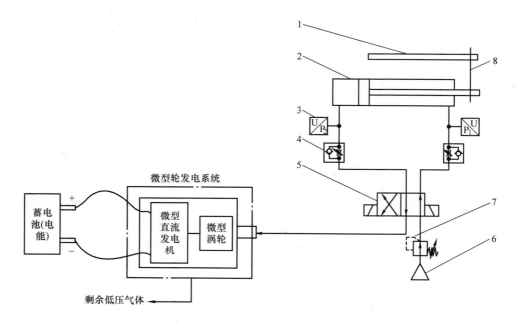

图 5-9　微型涡轮发电系统能量转换过程

1—位移传感器　2—气缸　3—压力传感器　4—单向节流阀　5— 换向阀　6—气源　7—减压阀　8—连接板

在热力学循环过程中，焓是状态参数，其单位与内能单位一致。压缩空气焓降产生的原因主要有两点：一是压缩空气的温度下降，使其内能降低；二是压缩空气产生膨胀，对外做功。由于气缸的工作环境温度和微型涡轮发电系统的环境温度基本一致，因此，在排气过程中，压缩空气的内能变化可以忽略不计。实际产生推动功的是气缸排气腔内压缩空气具有的压力能。因此，用压力能 E_P 表示气缸排气过程具有的初始输出能量。

5.4.2　输出能量分析

微型涡轮发电系统将排气腔压缩空气具有的压力能最终以电能形式输出。设微型涡轮发电系统的工作负载为 R_L，其输出端电压为 $U(t)$，气缸一个往复行程所需的时间为 t，其中活塞杆伸出时所用时间记 t_1，缩回时所用时间记为 t_2。因此，气缸完成一个往复行程时，微型涡轮发电系统输出的电能为[22]：

$$E_{elc} = \int_0^{t_1} \frac{U_1^2(t)}{R_L} dt + \int_0^{t_2} \frac{U_2^2(t)}{R_L} dt \tag{5-29}$$

式中，$U_1(t)$ 和 $U_2(t)$ 均可由实验测得。

5.4.3　微型涡轮发电系统效率计算

通过对微型涡轮发电系统的输入及输出能量的讨论分析，当气缸完成一个往复行程时，可以求得微型涡轮发电系统的能量转换效率 η：

$$\eta = \frac{E_{elc}}{E_p} \times 100\% = \frac{\int_0^{t_1} \frac{U_1^2(t)}{R_L} dt + \int_0^{t_2} \frac{U_2^2(t)}{R_L} dt}{(p_1 V_1 + p_2 V_2)} \times 100\%$$

$$= \frac{\int_0^{t_1} U_1^2(t) dt + \int_0^{t_2} U_2^2(t) dt}{(p_1 V_1 + p_2 V_2) R_L} \times 100\% \tag{5-30}$$

式中　V_1——无杆腔容积（m^3）；

$\quad\quad V_2$——有杆腔容积（m^3）；

$\quad\quad p_1$——无杆腔排气前压缩空气的压力（MPa）；

$\quad\quad p_2$——有杆腔排气前压缩空气的压力（MPa）；

$\quad\quad R_L$——负载电阻（Ω）。

5.4.4　效率实测分析

为了分析微型涡轮发电系统的理想转换效率，根据上述能量转换效率评价方法，对改进后的微型涡轮发电系统的发电效率进行实验测试。搭建实验台如图 3-3 所示，分别以恒定气流和气缸排气为驱动方式，进行实验。

1. 恒定气流驱动

在实验中，采用气源压力为 0.4MPa，负载电阻为 25Ω。微型涡轮发电系统稳态下输出端电压为 23.16V。

因此，微型涡轮发电系统的稳定功率为：

$$P_{elc} = \frac{U^2}{R_L} = \frac{23.16^2}{25} W = 21.46W$$

微型涡轮发电系统所消耗的压缩空气功率为：

$$P_{air} = p_s \left(q_V \frac{p_2}{p_s} \right) = 156.67W$$

式中　p_s——无杆腔排气前压缩空气的压力（MPa）；

$\quad\quad p_2$——有杆腔排气前压缩空气的压力（MPa）；

$\quad\quad q_V$——体积流量（m^3/s）。

于是可以求出以恒定气流为驱动方式时，微型涡轮发电系统的能量转化效率 η：

$$\eta = \frac{P_{elc}}{P_{air}} \times 100\% = \frac{P_{elc}\Delta t}{P_{air}\Delta t} = \frac{21.46}{156.67} \times 100\% = 13.70\%$$

2. 气缸排气驱动

实验采用气缸缸径为 50mm、行程为 200mm 的 MDBB50 - 200Z 型 SMC 气缸。气源压力 $p_s = 0.4MPa$，微型涡轮发电系统的负载电阻 $R_L = 25\Omega$。微型涡轮发电系统的气缸排气驱动输出端电压曲线如图 4-36 所示。

对微型涡轮发电系统输出端电压曲线积分，可得出气缸单次工作中微型涡轮发电系统输出的总电能：

$$E_{elc} = \int \frac{U(t)^2}{R_L} dt = 9.11 \text{ J}$$

排气腔排出的可回收能量为：

$$E_{air} = p_1 V_1 = 117.75J$$

因此，微型涡轮发电系统的能量转换效率为：

$$\eta = \frac{E_{elc}}{E_{air}} \times 100\% = 7.74\%$$

综上，可得出微型涡轮发电系统的能量转换效率，实验中采用气源压力 $p_s = 0.4MPa$，负载电阻 $R_L = 25\Omega$，恒定气流驱动时的能量转换效率为 13.70%，排气驱动时的能量转换效率为 7.74%。

由实验数据可知，微型涡轮发电系统的极限效率为 13.70%，而以气缸排气为驱动时，能量转换效率为 7.74%，主要原因有以下几点。

1）微型涡轮结构有待进步改进，提高其风能捕捉能力。

2）微型直流发电机由于做功问题，产生的逆向转矩较大，可以选择更精密的微型直流发电机，以提高整体系统的发电效率。

3）在微型蜗壳的进气口处设计导流结构，使排出的气体更多的和微型涡轮接触，提高风能捕获率。

5.5 小结

本章深入分析了排气回收系统的热力学特性以及系统能量传递和转换过程，主要得出了以下结论。

1）附加气罐排气回收装置前后，随着回收气罐内回收气体的增加，气罐压力逐渐升高，气缸驱动腔能耗逐渐增加，且气缸驱动腔能耗比逐渐增至 1.1 左右，能耗增加率约为 10% 左右。

2）提出了气罐排气回收效率的评价方法。应用该排气回收效率的评价方法对书中排气回收系统的回收效率进行了实测计算。结果表明，系统排气回收效率与气罐内的初始压力等参数有关，如气源压力为 0.5MPa，气罐内的初始压力在 0 ~

0.3MPa 之间排气回收时，由回收判可知，当压力达到 0.28MPa 左右时就不回收了，此时系统的回收效率已经 80% 以上了，此后，随着气罐内的初始回收压力逐渐升高，回收效率也逐渐降低。

3）分析了微型排气回收高效节能涡轮发电系统中的能量转换过程，对微型涡轮发电系统的输入能量和输出能量进行了分析讨论，提出合适的能量评价方法。求得在恒定气流驱动时的能量转换效率为 13.70%，在气缸排气驱动时的转换效率为 7.74%。最后，对能量转换效率进行了分析。分析表明，在理想工作条件下，利用微型排气回收高效节能涡轮发电系统可以实现较高的能量回收转换。

后记　总结与展望

工程实际中，气缸完成一个工作行程后，气缸工作腔内的空气压力接近气源压力，活塞返回时，原气缸工作腔内的有压空气一般直接排向大气，对长期运转的生产设备来说，会造成很大的能量损失。本书提出两种气缸排气回收能量利用方法，一是基于利用蓄能气罐回收气缸排气腔的部分能量再做功的节能思想出发，针对目前气缸排气回收节能方式中存在的一些不足，提出了一种新的气缸排气能量回收技术方案，并对涉及的关键技术问题进行了相关的研究：深入分析了附加排气回收装置后对气缸动态特性的影响规律，给出了排气回收控制判据及控制策略，设计了能够实现排气切换的控制装置，提出了系统排气回收效率的评价方法。二是在执行元件排气侧设置微型涡轮发电装置，可作为气动附件直接使用，并对涉及的关键技术问题进行了相关的研究：设计了微型排气回收高效节能涡轮发电系统，将气缸排气腔的压力能转换为电能进行储存、利用。本书介绍的主要研究成果如下。

当采用气罐进行气缸排气回收时：

1）书中提出了一种创新性的气缸排气能量回收技术途径：通过附加排气回收控制装置将气缸排气腔的有压空气回收到气罐中，并作为中压空气源再利用，达到了节能的目的。首先，研究了一种高效的、适合于工业应用的回收系统组成形式；然后建立了相应的系统数学模型；并通过仿真和实验，分析出了回收系统实现所要解决的关键性控制技术问题。

2）提出了气罐排气回收切换控制判据和控制策略。通过对排气回收切换控制过程的分析，推导出了气缸排气回收切换控制压差的表达式。分析表明，排气回收切换控制压差与气源压力等参数有关，气源压力为 $0.2 \sim 0.5\text{MPa}$ 排气回收时，其变化值约在 $0.02 \sim 0.05\text{MPa}$ 之间，因此，控制排气回收切换的回路设计较复杂；工程实际中，为了简化排气回收控制策略和控制装置，且使控制判据更加可靠、适用，建议切换压差取一固定值 0.05MPa，并将该值作为排气回收切换控制判据。

3）根据对气罐排气回收控制判据及控制策略的分析，分别设计了定差减压阀控制和差压开关控制的两种排气回收装置，并进行了实验研究。结果表明，与定差减压阀控制装置相比，差压开关控制装置不仅可根据设定控制判据实现气缸排气腔由"回收状态"到"排向大气状态"的切换，而且控制精度较高、可靠性较好。

4）通过对气罐排气回收系统热力学特性以及系统能量传递和转换过程的分析，提出了系统排气回收效率的评价方法。分析表明，系统排气回收效率与气罐内的初始回收压力等参数有关，然后应用该评价方法对排气回收系统的回收效率进行了实测计算。结果表明，排气回收系统可实现较高的回收效率，如气源压力为

0.5MPa，回收气罐的内初始压力在 0 ~ 0.3MPa 之间排气回收时，系统排气回收效率可达 80% 以上。这表明该回收系统不仅节能效果显著，且具有良好的应用前景。

当采用微型涡轮发电装置进行气缸排气回收再利用时：

1）分析了常规气压传动系统的充排气特性，建立了气动系统数学模型以及 AMESim 仿真模型。

2）通过理论分析以及大量的实验验证，利用 SolidWorks 设计了微型涡轮排气回收装置的三维结构以及该装置与原气动系统的连接通用接口。

3）为了分析涡轮发电装置的发电特性以及对其进行改进优化设计，利用 AN-SYS/FLUENT 对微型涡轮及蜗壳进行了流场分析和强度校核，分析了不同涡轮结构、叶片数量以及入口导流型式等对涡轮输出转矩的影响规律，定量给出了涡轮叶片数量与输出转矩之间的对应关系。

4）通过大量实验验证了所建立的数学模型及仿真模型的有效性，对附加微型涡轮发电装置的气动系统进行了实验，揭示了在不同工作压力下气缸运动特性及微型涡轮发电装置的起动特性和发电特性，为微型排气回收高效节能涡轮发电装置作为节能附件应用到气动系统中打下了基础。

综上，上述两种气缸排气回收装置不仅节能效果显著，而且具有良好的应用前景。

需要进一步研究的工作：

1）排气回收系统的建模过程中，忽略了气缸缓冲腔室的动态变化过程，而且模型中气缸活塞与腔室内壁摩擦力及气缸腔室闭死容积等参数取一估计值，这必然会引起分析误差，有待进一步研究。

2）排气回收效率评价方法中，忽略了气缸和气罐内以及排气管道容腔等内部温度的变化，今后尚需对温度等参数变化对排气回收系统回收效率的影响进行深入的研究。

附录　Matlab/Simulink 仿真程序

　　该附录为排气回收控制系统数学模型的计算机仿真程序，包括 Simulink 仿真模型、函数文件和执行文件，编程工具为 MATLAB。仿真参数见表 3-1，数学模型见式（2-55）～式（2-63）。

1. Simulink 仿真模型（附图 A-1）

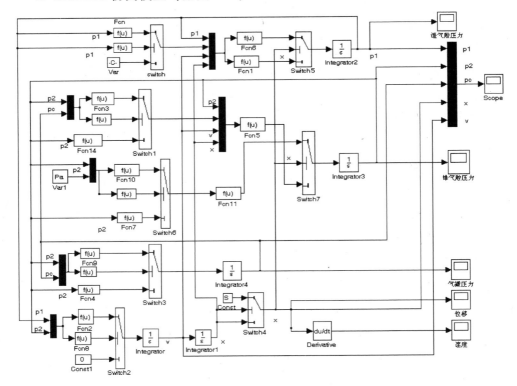

附图 A-1　Simulink 仿真模型

2. 函数文件

function yp = yhsin（t,y）

yp = zeros（5,1）；

%初始参数设定

k = 1.4；K = sqrt（2 * k/（k + 1））；R = 287.1；b = 0.43；Ts = 283；S = 0.2；

Vc =0.005；

```
D = 0. 05;d = 0. 02;A1 = pi * (D^2 - d^2)/4; A2 = pi * D^2/4;
Ae1 = 1/sqrt(1/(7. 5e - 6)^2 + 1/(1. 9e - 6)^2);%进气管道有效截面积
Ae2 = 1/sqrt(1/(7. 5e - 6)^2 + 1/(6. 5e - 6)^2 + 1/(9. 18e - 6)^2 + 1/(1. 222e -
6)^2);%排气管道有效截面积
X10 = 0. 06515;X20 = 0. 039062;Pa = 100000;Ps = 600000;
Ff = 35;Mw = 10. 7448;T2 = Ts * (y(2)/Ps)^((k - 1)/k);%y(1)有杆腔压力;y
(2)无杆腔压力;y(3)气罐压力;y(4)位移;y(5)速度
%P1 有杆腔压力
if y(4) > =0&y(4) <S
    if y(1)/Ps < =b
        qm1 = Ae1 * Ps * sqrt(1 - b)/sqrt(R * Ts);
    else
        qm1 = Ae1 * Ps * sqrt(1 - b) * sqrt(1 - (((y(1)/Ps) - b)/(1 - b))^2)/
sqrt(R * Ts);
    end
        yp(1) = k * R * Ts * qm1/(A1 * (X10 + y(4))) - k * y(1) * y(5)/
(X10 + y(4));
    elseif y(4) > =S
        qm11 = Ae1 * Ps * sqrt(1 - b) * sqrt(1 - ((y(1)/Ps - b)/(1 - b))^2)/
sqrt(R * Ts);
        if y(1) > =Ps
        yp(1) =0;
    else
        yp(1) = k * R * Ts * qm11/(A1 * (X10 + y(4)));
    end
end
%P2 无杆腔压力
if y(4) > =0&y(4) <S
    if y(2) > =y(3) +10000
    if y(3)/y(2) < =b
        qm2 = Ae2 * y(2) * sqrt(1 - b)/sqrt(R * T2);
    else
        qm2 = Ae2 * y(2) * sqrt(1 - b) * sqrt(1 - ((y(3)/y(2) - b)/(1 - b))^
2)/sqrt(R * T2);
    end
    yp(2) = k * y(2) * A2 * y(5)/(A2 * (X20 + S - y(4))) - k * R * T2 * qm2/
```

```
(A2 * (X20 + S - y(4)));
    Elseif y(2) < y(3) + 10000
    if Pa/y(2) < = b
        qm22 = Ae2 * y(2) * sqrt(1 - b)/sqrt(R * T2);
    Else
        qm22 = Ae2 * y(2) * sqrt(1 - b) * sqrt(1 - ((Pa/y(2) - b)/(1 - b))^
2)/sqrt(R * T2);
    end
    yp(2) = k * y(2) * A2 * y(5)/(A2 * (X20 + S - y(4))) - k * R * T2 * qm22/
(A2 * (X20 + S - y(4)));
    end
    Elseif y(4) > = S
        if Pa/y(2) < = b
            qm222 = Ae2 * y(2) * sqrt(1 - b)/sqrt(R * T2);
        else
            qm222 = Ae2 * y(2) * sqrt(1 - b) * sqrt(1 - ((Pa/y(2) - b)/(1 - b))
^2)/sqrt(R * T2);
        end
            yp(2) = - k * R * T2 * qm222/(A2 * (X20));
    end
    %P3 气罐压力
    if y(2) > = y(3) + 10000
        if y(3)/y(2) < = b
            qm3 = Ae2 * y(2) * sqrt(1 - b)/sqrt(R * T2);
        else
            qm3 = Ae2 * y(2) * sqrt(1 - b) * sqrt(1 - ((y(3)/y(2) - b)/(1 - b))^
2)/sqrt(R * T2);
        end
        yp(3) = k * R * T2 * qm3/Vc;
    Elseif y(2) < y(3) + 10000
            qm33 = 0;
        Yp(3) = k * R * T2 * qm33/Vc;
    end
    %v 速度
    if y(4) > S
            y(4) = S;
```

else
```
    yp(4) = y(5);
```
end

% x 位移

If (y(4) = =0&y(1) * A1 + Pa * (A2 − A1) > y(2) * A2 + Ff) | (y(4) >0&y(4) < S)
```
    yp(5) = (y(1) * A1 + Pa * ( A2 − A1 ) − y(2) * A2 − Ff)/Mw;
```
elseif (y(4) = =0&y(1) * A1 + Pa * (A2 − A1) < = y(2) * A2 + Ff) | (y(4) = = S)
```
    yp(5) =0;
```
End

3. 执行文件

```
y0 = [ 100000 600000 100000 0 0 ];
t0 = [ 0 2.5 ];
[ t,y ] = ode45 ('yhsinsw', t0, y0);
plot(t,y( : ,4),'k',t(1:length(y( : ,4)) −1),diff(y( : ,4))./diff(t),'k',t,y( : ,1)/1e6,'k',t,y( : ,2)/1e6,'k',t,y( : ,3)/1e6,'k');
    axis tight;
```

参 考 文 献

[1] 石运序. 排气回收控制系统的研究与开发 [D]. 南京: 南京理工大学, 2006.

[2] 张建旭. 微型排气回收高效节能涡轮发电系统工作机理研究 [D]. 烟台: 烟台大学, 2018.

[3] 蔡茂林. 气动系统的节能 [J]. 液压与气动, 2013 (8): 1 – 8.

[4] 蔡茂林. 压缩空气系统的节能技术 [J]. 流体传动与控制, 2012 (6): 1 – 5.

[5] 李小宁. 气动技术发展的趋势 [J]. 机械制造与自动化, 2003 (2): 1 – 4.

[6] 李军, 王祖温, 包钢. 气动系统节能研究简介 [J]. 机床与液压, 2001 (5): 7 – 8.

[7] 蔡茂林, 石岩. 压缩空气系统节能关键技术体系及其应用 [J]. 液压气动与密封, 2012, 32 (12): 63 – 66.

[8] 蔡茂林, 香川利春. 气动系统的能量消耗评价体系及能量损失分析 [J]. 机械工程学报, 2007, 43 (9): 69 – 74.

[9] 孙铁源, 蔡茂林. 压缩空气系统的运行现状与节能改造 [J]. 机床与液压, 2010, 38 (13): 108 – 110.

[10] 张业明, 蔡茂林. 气动执行器与电动执行器的运行能耗分析 [J]. 北京航空航天大学学报, 2010, 36 (5): 560 – 563.

[11] 蔡茂林. 气动系统可节能30% [J]. 现代制造, 2008 (4): 10 – 11.

[12] 蔡茂林. 空压机能耗现状及系统节能潜力 [J]. 中国科技成果, 2010 (21): 7 – 9.

[13] 路甫祥. 气动技术的发展方向 [J]. 液压与气动, 1991 (2): 2 – 3.

[14] Mitsuoka, T. Recent trend of power drivers system [J]. Journal of the Japan Hydraulics and Pneumatics Society. 1988, 19 (6): 436 – 443.

[15] Talbott E M. Compressed Air Systems A Guidebook on Energy and Cost Savings [M]. Atlanta: The Fairmont Press. Inc. , 1986.

[16] Kawai, S. Pneumatic system from the view point of energy saving [J]. Journal of the Japan Hydraulics and Pneumatics Society. 1996, (27) 3: 383 – 390.

[17] 李建藩. 气压传动系统动力学 [M]. 广州: 华南理工大学出版社, 1991.

[18] 赵彤. SMC气动技术发展及在新领域中的应用 [J]. 现代零部件, 2004 (1): 122 – 124.

[19] 小根山尚武. 連載: 空气压の省工ネを温故知新 [J]. 油空压技术, 2002, 41 (4).

[20] 徐文灿. 降压节能与耗能 [J]. 液压与气动, 1989 (4): 14 – 15.

[21] 田威. 气动系统能量转换回收装置的研究与开发 [D]. 南京: 南京理工大学, 2006.

[22] 路甫祥. 液压气动技术手册 [M]. 北京: 机械工业出版社, 2002.

[23] 李光明. 节能气动系统 [J]. 液压与气动, 1999 (3): 24 – 25.

[24] 李光明, 李向东, 李芳. 节能气缸设计 [J]. 液压与气动, 2000, (4): 36 – 37.

[25] 陆鑫盛, 周洪. 气动自动化系统的优化设计 [M]. 上海: 上海科学技术文献出版社, 2000.

[26] SMC (中国) 有限公司. 现代实用气动技术 [M]. 2版. 北京: 机械工业出版社, 2004.

[27] 王中双. 回转键合图法非线性系统动态仿真 [J]. 齐齐哈尔轻工学院学报, 1996, 12 (2): 6 – 10.

[28] 张百海，程海峰，彭光正．气动系统键图建模方法与实现 [J]．机床与液压，2004，(10)：97 – 98.

[29] 项昌乐，武亚敏．变速器动力学建模的键合图法 [J]．机械，2003，30 (2)：15 – 17.

[30] 王中双，徐元龙．非惯性系平面机构系统完全动力学问题的键合图法 [J]．机械科学与技术，1999，18 (3)：357 – 360.

[31] Marisol Delgado, Hebertt. A bond graph approach to the modeling and simulation of switch regulated DC – to – DC power supplies [J]. Simulation Practice and Theory, 1998, (6)：631 – 646.

[32] Donald Margolis, Taehyun Shim. A bond graph model incorporating sensors, actuators, and vehicle dynamics for developing controllers for vehicle safety [J]. Journal of the Franklin Institute, 2001 (338)：21 – 34.

[33] 王中双．键合图理论及其在系统动力学中的应用 [M]．哈尔滨：哈尔滨工程大学出版社，2000.

[34] Ikeo Shigeru, Zhang Huping, Takahashi koji, et al. Simulation of Pneumatic system using BGSP [D]. Tokyo Sophia University.

[35] B Yu, van Paassen. Simulink and bond graph modeling of an air – conditioned room [J]. Simulation Modelling Practice and Theory, 2004, (12)：61 – 76.

[36] 檀润华．基于功率键合图的自动符号建模与仿真软件 [J]．中国机械工程学报，2000，11 (9)：1058 – 1061.

[37] 郭世伟，任中全，刘永军．基于功率键合图的 MATLAB 建模仿真在液压系统中的应用研究 [J]．煤矿机械，2001，(2)：11 – 14.

[38] 叶骞．基于国际互联网的气压传动系统 CAD [D]．哈尔滨：哈尔滨工业大学，2002.

[39] G Dauphin – Tanguy, A Rahmani, C Sueur. Bond graph aided design of controlled systems [J]. Simulation Practice and Theory, 1999, (7)：493 – 513.

[40] Mustafa Poyraz, Muhammet Koksal, et al. Analysis of switched systems using the bond graph methods [J]. Journal of the Franklin Institute, 1999, (336)：379 – 386.

[41] 高立龙，等．基于功率键合图的负载敏感液压系统仿真研究 [J]．液压气动与密封，2016，36 (2)：16 – 18 + 15.

[42] 王中双．基于键合图理论的系统状态方程的转化方法 [J]．机械科学与技术，1999，18 (1)：54 – 56.

[43] 王中双．键合图法机构动态仿真 [J]．机构学与机械动力学，1993，(3)：33 – 38.

[44] 李岩，周云龙．键合图方法在气动系统中的应用 [J]．热能动力工程，1999，14 (79)：56 – 59.

[45] 王中双，徐元龙．论键合图贮能元件的因果关系对系统动力学方程的影响 [J]．机械科学与技术，2000，19 (2)：189 – 191.

[46] Dean Karnopp. State variables and pseudo bond graphs for compressible thermofluid systems [J]. ASME Journal of Dynamic systems Measurement and control, 1979, 101：201 – 204.

[47] 吴沛宜，马元编．变质量系统热力学及其应用 [M]．北京：高等教育出版社，1983.

[48] G 伊曼纽尔．气体动力学的理论与应用 [M]．周其兴，等译．北京：宇航出版社，1992.

[49] 童秉钢，等．气体动力学 [M]．北京：高等教育出版社，1990.

［50］Zucrow，M J. 气体动力学［M］. 北京：国防工业出版社，1984.

［51］Y Kawakami，J Akao et al. Some Considerations on Dynamic Characteristics of Pneumatic cylinders ［J］. Journal of Fluid Control，1988，19（2）：22 – 36.

［52］Oviatt Mark D，et al. Industrial Pneumatic System，Noise Control and Energy Conservation［M］. Atlanta：The Fairmont press. inc. 1981.

［53］Ellis W E Jr. Conserving Energy in Pneumatic Systems［C］. Proceedings of the 33rd NCFP，1977：25 – 27.

［54］滕燕，李小宁. 针对 ISO6358 标准的气动元件流量特性表示式的研究［J］. 液压与气动，2004，（2）：6 – 9.

［55］Michel Cotsaftis. Dynamic and Control of Pneumatic actuators［J］. Proceedings of the IEEE International Conference on Systems，Man and Cybernetics，1995（1）：159 – 164.

［56］陈汉超，盛永才. 气压传动与控制［M］. 北京：北京工业学院出版社，1987.

［57］Han Koo Lee，Gi Sang Choi，Gi Heung Choi. A study on tracking position control of pneumatic actuators［J］. Mechatronics，2002，（12）：813 – 831.

［58］Edmond Richer，Yildirim Hurmuzlu，et al. A high Performance Pneumatic Force Actuator System Part 1 – Nonlinear Mathematical Model［J］. Journal of Dynamic Systems Measurement and Control，2001，122（3）：416 – 425.

［59］徐华舫. 空气动力学基础（下册）［M］. 北京：北京航空学院出版社，1997.

［60］高殿荣，吴晓明. 工程流体力学［M］. 北京：机械工业出版社，1999.

［61］R C Rosenberg. Introduction to physical System Dynamics［M］. New York：McGraw – Hill，1993.

［62］Massimo Sorli，Giorgio Figliolini，Stefano Pastorelli. Dynamic Model and Experimental Investigation of a Pneumatic Proportional Pressure Valve［J］. Mechatronics，IEEE／ASME Transactions，2004，9（1）：78 – 86.

［63］Li Jianfan，Yang Liu. Computer Simulation On Multicylinder Energy – Saving Pneumatics System of indirect Energy Transfer［C］. Proceedings of ICFPCR. Chengdu：1990：430 – 435.

［64］王海涛. 供气压力波动自调整缓冲高速气缸的研究［D］. 哈尔滨工业大学，2003.

［65］M Sorli，et al. Dynamic analysis of pneumatic actuators［J］. Simulation Practice and theory. 1999，（7）：589 – 602.

［66］藤田，渡嘉敷，石井良和，香川立春. メータケウト駆動时における空気圧シリンダの應答解析［J］. Journal of Japan Hydraulics and Pneumatics Society. 1998，29（4）：87 – 94.

［67］Maolin CAI，et al. Design and Application of Air Power Meter in Compressed Air Systems［J］. IEEE，2001（1）：208 – 212.

［68］Terashima Yukio，Kawakami Yukio，Kawai Sunao. A study on the effects of friction characteristics in pneumatic cylinder［C］. Proceedings of the fourth international symposium on fluid power transmission and control（ISFP' 2003）Wuhan：352 – 357.

［69］Xie Zugang，Tao Guoliang. Study on cylinders at very low velocities［J］. Proceedings of the fourth international symposium on fluid power transmission and control（ISFP' 2003）Wuhan：358 – 361.

［70］ Gao C , Kuhlmann – Wilsdorf D . On Stick – Slip and the Velocity Dependence of Friction at Low Speeds ［J］. Journal of Tribology, 1990, 112 (2)：354.

［71］ Chii – Rong Yang, Rong – Tsong Lee, Yuang – Cherng Chiou. Study on dynamic friction characteristics in reciprocating friction drive system ［J］. Tribology International Volume. 1997, (10)：719 – 730.

［72］ Paul J Kolston. Modeling mechanical stick – slip friction using electrical circuit analysis ［J］. Journal of Dynamic Systems, Measurement, and Control / Transactions of the ASME. 1988, (110)：440 – 443.

［73］ Pierre E Dupont, Eric P Dunlap. Friction modeling and PD compensation at very low velocities ［J］. Transaction of the ASME. 1995, (117)：8 – 14.

［74］ Etsuo Marui, Hiroke Endo. Some considerations of slideway friction characteristics by observing stick – slip vibration ［J］. Tribology International. 1996, (3)：251 – 262.

［75］ N Sepehri, F Sassani, P D Lawrence, A Ghasempoor. Simulation and experimental studies of gear backlash and stick – slip friction in hydraulic excavator swing motion ［J］. Journal of Dynamic Systems, Measurement, and Control. 1996, (118)：463 – 467.

［76］ 渡嘉敷 ルイス、藤田 、香川利春. 空気圧シリンダのメータアウト速度制御時のステイッキスリップ現象（第1報 摩擦特性とステイックスリップ現象）［C］. 日本油空圧学会論文集, 1999, 30 (4)：110 – 117.

［77］ Brian Armstrong. Stick slip and control in low – speed motion ［J］. IEEE, 1993, 38 (10)：1483 – 1496.

［78］ William T Townsend, JpKenneth Salisbury. The effect of coulomb friction and stiction on force control. IEEE, 1987：883 – 889.

［79］ 小此木 卓馬，等. 空気圧シリンダのステイックスリップ現象に関する研究 ［P］. 平成13年秋季フルードパワーシステム講演会, 2001：67 – 69.

［80］ 小崎貴弘， 佐野学. ラビンスツール空気圧シリンダにおける摩擦の ［C］. 日本フルードパワーシステム学会論文集, 2002, 33 (1)：9 – 14.

［81］ F Van De Velde, P De Baets. Mathematical approach of the influencing factors on stick – slip induced by decelerative motion ［J］. Wear. 1996, (201)：80 – 93.

［82］ Bernard F. On – line Friction Modelling, Estimation and Compensation for Position Control ［D］. A Dissertation Presented to the Graduate School of the University of Florida in Partial Fulfillment of the Requirements for the Degree of Doctor of Philosophy, 2002.

［83］ 阿部 智仁，川上 幸男. 空気圧シリンダ駆動回路における摩擦特性の影響についての検討 ［P］. 平成13年秋季フルードパワーシステム講演会, 2001：58 – 60.

［84］ 徐文灿. 充排气特性方程组及其应用 ［J］. 北方工业大学学报, 1992, 4 (1)：80 – 88.

［85］ Backe W, et al. Model of heat transfer in pneumatic chambers ［J］. Journal of Fluid Control, 1989, 20 (1)：61 – 78.

［86］ Lois R. TOKASHIKI. Dynamic Characteristics of Pneumatic Cylinders Temperature Measurement of Air in Pipes ［C］. Fifth triennial International Symposium on Fluid Control, Measurement and Visualization, Wuhan：1997：325 – 328.

[87] 徐文灿. 串接音速排气法测定气动元件的流量特性 [J]. 液压与气动, 1989, (2): 40 - 43.

[88] Parkkinen R, Lappalainen P A consumption model of pneumatic systems [C]. Industry Applications Society Annual Meeting, IEEE, 1991, (2): 1673 - 1677.

[89] Cai M, Kagawa T. Design and application of air power meter in compressed air systems [C]. Environmentally Conscious Design and Inverse Manufacturing, Proceedings EcoDesign 2001: Second International Symposium, 2001: 208 - 212.

[90] 徐文灿, 李永正. 计算气动回路流量特性参数的方法 [J]. 北方工业大学学报, 1994, 6 (1): 44 - 50.

[91] 王祖温, 王海涛, 包钢, 等. 供气压力波动自适应缓冲高速气缸的研究 [J]. 机械工程学报, 2003, 39 (7): 51 - 55.

[92] Prior S D, White A S, Gill R, et al. A novel pneumatic actuator [C]. Systems Man and Cybernetics, Systems Engineering in the Service of Humans, Conference Proceedings, 1993, (1): 418 - 422.

[93] Takahiro KOSAKI. AN ANALYTICAL AND EXPERIMENTAL STUDY OF CHAOTIC OSCILLATION IN A PNEUMATIC CYLINDER [C]. Proc. of 1st FPNI - PhD Symp. Hamburg: 2000: 303 - 310.

[94] Li Jianfan, Tian Xinguo, Deng Xiaoxing. A Study on Energy - Saving Pneumatic System. Proceedings of the 2nd International Conference on Fluid Power Transmission and Control, Hangzhou: 1989: 448 - 453.

[95] 王海涛, 包钢, 熊伟, 等. 高速气缸缓冲的研究 [J]. 液压与气动, 2002, (7): 12 - 14.

[96] 李建藩. 定负载双作用气压传动系统设计计算方法 [J]. 液压与气动, 1992, (4): 9 - 11.

[97] 王祖温, 郭晓晨, 李军, 等. 多回路气压动力系统数值建模研究 [J]. 哈尔滨工业大学学报, 2003, 35 (5): 541 - 548.

[98] 彭熙伟, 沉建萍, 李金仓. 单向阀的特性及应用 [J]. 液压与气动, 2004, (1): 60 - 61.

[99] 渡嘉敷, 藤田, 香川立春. 空気圧シリンダのメータケウト速度制御時のステイツルスリックスツブ現象 [C]. 日本油空圧学会论文集, 1999, 30 (4): 22 - 29.

[100] Helm L, Szucs A. A Special Pneumatic Actuator [C]. Pneum. & Hydr. Components& Instruments in Automatic Control, Proc. of the IFAC Symposium, Warsaw: 1980.

[101] J Wang et al. Modelling study, analysis and robust servocontrol of pneumatic cylinder actuator systems [J]. IEE Proc - Control Thery, 2001, 148 (1): 35 - 42.

[102] Sanville F E. A New Method of Specifying the Flow Capacity of Pneumatic Fluid Power Valves [J]. Hydr. Pneum, Power, 17, (195), 1971.

[103] JIANG Zemin, ZHANG Bai - hai. Modelling and Simulation of the Characteristics of Pneumatic Cushion Cylinders [J]. Journal of Beijing Institute of Technology, 2002, 11 (2): 129 - 132.

[104] Parkkinen R, Lappalainen P. A consumption model of pneumatic systems [C]. Industry Applications Society Annual Meeting, Conference Record of the 1991, IEEE, 1991 (2): 1673 - 1677.

［105］ Ben－Dov D，Salcudean S E. A force－controlled pneumatic actuator ［J］. Robotics & Automation IEEE Transactions on，1995，11（6）：906－911.

［106］ Mitsuru Senoo et al. Calculation Tool for energy saving in pneumatic system ［C］. Proceedings of the fourth international symposium on fluid power transmission and control（ISFP'2003），Wuhan 2003：384－388.

［107］ Bashir M Y Nouri et al. Modelling a pneumatic servo positoning system with friction ［C］. Proceedings of the American Control Conference，Chicago，2000：1067－1071.

［108］ Zhao Ming et al. Research on the flow rate characteristic of pneumatic component and circuit ［C］. Proceedings of the fourth international symposium on fluid power transmission and control（ISFP'2003），Wuhan，2003：188－192.

［109］ 程正兴，李水根. 数值逼近与常微分方程数值解 ［M］. 西安：西安交通大学出版社，2000.

［110］ 石博强. MATLAB 数学计算范例教程 ［M］. 中国铁道出版社，2004.

［111］ 石运序，李小宁. 排气回收速度控制系统的建模及仿真 ［J］. 液压与气动，2005，（2）：25－28.

［112］ 石运序，李小宁. 排气回收速度控制系统的键图模型研究 ［J］. 液压与气动，2006，（3）：26－28.

［113］ 杨江，王雅萍，朱目成，等. 微型风力机叶片结构优化设计与仿真分析 ［J］. 机械设计与制造，2014，（12）：74－77.

［114］ 万全喜，张明辉，吴家龙. 风力机叶片优化设计与三维建模 ［J］. 机床与液压，2013，41（9）：163－166、171.

［115］ 王博，祁文军，孙文磊，等. 风力发电机叶片气动性能数值模拟 ［J］. 机床与液压，2013，41（7）：166－171.

［116］ 王珑，王同光. 风力机设计及其空气动力学问题 ［J］. 中国科学：物理学 力学 天文学，2013，43（12）：1579－1588.

［117］ 李琛玺，王静，宋立明，等. 高压比离心叶轮气动强度多学科优化与知识挖掘 ［J］. 西安交通大学学报，2017，51（5）：102－111.

［118］ 常明飞. 风力机桨叶动力学特性研究 ［D］. 沈阳：沈阳工业大学，2006.

［119］ 维纳 K 恩格尔，约翰 G 普罗克斯. 数字信号处理/使用 MATLAB ［M］. 西安：西安交通大学出版社，2002.

［120］ 徐科军. 信号处理技术 ［M］. 武昌：武汉理工大学出版社，2001.

［121］ 石振东，刘国庆. 实验数据处理与曲线拟合技术 ［M］. 哈尔滨：哈尔滨船舶工程学院出版社，1991.

［122］ 周秀银. 误差理论与实验数据处理 ［M］. 北京：北京航空学院出版社，1986.

［123］ 石运序，范红梅，徐立强. 排气回收系统切换控制判据分析 ［J］. 烟台大学学报（自然科学与工程版），2008，21（1）：53－56.

［124］ 石运序，张建旭，刘源，等. 基于 Fluent 的微型排气回收高效节能涡轮设计 ［J］. 液压与气动，2017（9）：38－41.

［125］ 盖晓玲. 小型浓缩风能型风力发电机叶轮功率特性的试验研究 ［D］. 呼和浩特：内蒙古

农业大学，2007.

［126］李晟. 基于 FLUENT 软件的轴流风机设计初步研究 ［D］. 西安：西北工业大学，2004.

［127］石运序，焦磊磊，王昭政，等. 进气口位置及蜗壳结构对微型发电涡轮输出扭矩的影响分析 ［J］. 机床与液压，2019，1（1）：1 - 4.

［128］石运序，李小宁. 排气回收速度控制系统回收效率的评价方法研究 ［J］. 机床与液压，2006（6）：147 - 148.